V 700.
z. p.

L'ART

DE LA

MAÇONNERIE,

Par M. LUCOTTE, Architecte.

De l'Imprimerie de MOUTARD, Imprimeur-Libraire de la REINE, de MADAME, de Madame la Comtesse D'ARTOIS, & de l'ACADÉMIE ROYALE DES SCIENCES, rue des Mathurins, Hôtel de Cluni.

M. DCC. LXXXIII.

D E
LA MAÇONNERIE.

LA Maçonnerie eſt l'art de conſtruire les bâtimens ou autres édifices, & celui d'employer les matières propres à leur conſtruction. Ce mot vient de *Maçon*, & celui-ci du latin *Machio*, Machiniſte, à cauſe des machines qu'il eſt obligé d'employer; ſelon Ducange, de *Maceria*, muraille, & ſelon Huet, de *Mas*, vieux mot qui ſignifie maiſon.

Cet Art tient aujourd'hui le premier rang parmi ceux qui ſervent à la conſtruction des édifices. Le bois avoit d'abord paru plus commode pour les habitations, avant que l'on eût appris l'art d'employer les autres matériaux utiles à leurs conſtructions.

Origine des habitations.

Anciennement les hommes habitoient les bois & les cavernes, comme les bêtes ſauvages: les uns faiſoient des cavités ſous terre & dans les montagnes ; les autres faiſoient des cabanes & des huttes avec des branches d'arbres enduites de terre graſſe; chacun, conſtruiſant de ſon mieux, perfectionnoit ſa demeure. Les familles s'agrandiſſant, le nombre des habitations augmenta; il en fallut pour les animaux domeſtiques, & pour contenir les proviſions juſqu'aux nouvelles récoltes: on imagina des foyers, des portes, des croiſées; on multiplia les ſurfaces, & on éleva des étages: on diviſa enſuite les propriétés, on fixa des limites; on fit des Loix: de là, les hameaux, les villages & les villes, où l'on diſtribua des rues, des places ſéparées de maiſons & jardins utiles. Les habitations devinrent peu à peu régulières; le loiſir & l'abondance les rendirent commodes; le luxe les enrichit: enfin la Religion éleva des temples, & l'ambition des monumens.

Des anciennes habitations.

La plupart des Peuples ont conſervé l'uſage des anciennes habitations, repréſentées dans la vignette de la *Pl.* I, & par les *fig.* 1, 2 & 3. On les faiſoit

en plantant en terre des perches debout A.:, retenues par d'autres en travers B B, qu'on entrelaçoit de branchages, & qu'on enduiſoit de terre graſſe. On imagina auſſi (*fig.* 4) de poſer les uns ſur les autres des morceaux de pareille terre deſſéchée A A, ſur leſquels on plaçoit des perches en travers B B, que l'on couvroit & garniſſoit de feuillages, pour s'y garantir du ſoleil & de la pluie: mais ces couvertures n'étant point capables de préſerver des mauvais temps, on imagina les couvertures inclinées (*fig.* 5, 6 & 7), qu'on enduiſit de terre, pour faciliter l'écoulement des eaux.

Les Phrygiens, qui occupent des campagnes où il y a peu de bois, creuſent des foſſes circulaires (*fig.* 8 & 9), ou petits tertres naturellement élevés, auxquels ils font une ouverture A pour y arriver: autour de ces creux, ils élevent le plus ſouvent des perches B B, qu'ils lient enſemble par le haut, en forme de cône ou pain de ſucre, à peu près à la manière de nos glacières, qu'ils couvrent enſuite de chaume C, ſur lequel ils amaſſent de la terre & du gazon D, pour rendre leurs demeures chaudes en hiver & fraîches en été.

Au Royaume de Pont, dans la Colchide (dans l'Aſie-Mineure), on étend ſur le terrein (*Pl.* II, *fig.* 1) deux arbres A A parallèlement ; ſur chacune de leurs extrémités on y en place deux autres B B, de manière que les quatre enſemble enferment un eſpace carré de toute leur longueur. Sur ces arbres, poſés horizontalement, on y en éleve d'autres perpendiculaires C C, pour former l'extrémité des murailles, dont on garnit les intervalles d'échalas D D & de terre graſſe. On lie enſuite le haut de ces murailles avec des couches E E & F F, & leurs angles avec des pièces diagonales G G, qui ſe croiſent au milieu. Pour retenir les quatre extrémités, & former la couverture de ces cabanes, on attache aux quatre coins par un bout, quatre pièces de bois H H, qui vont ſe joindre enſemble par l'autre vers le milieu, & aſſez longues pour former

A

un toit en croupe, imitant une pyramide à quatre faces, que l'on enduit auſſi de terre graſſe.

Il y a chez ces Peuples, dit Vitruve, deux eſpèces de toits en croupe; l'un appelé *teſtudinatum*, parce que les eaux s'écoulent des quatre côtés à la fois, comme celui de la *fig.* 7 ; & l'autre, *diſpluviatum*, parce que le faîtage allant d'un pignon (1) à l'autre, l'eau s'écoule de deux côtés à la fois, comme ceux des *fig.* 4, 5 & 6.

Les Naturels du Pérou conſtruiſent leurs maiſons de roſeaux & de cannes entrelacées, ſemblables aux premières habitations des Egyptiens & des Peuples de la Paleſtine: celles des Grecs, dans leur origine, n'étoient non plus conſtruites que d'argile, qu'ils n'avoient pas l'art de durcir par le ſecours du feu.

En Irlande, les maiſons du petit peuple ſont conſtruites avec des menues pierres ou du roc, mêlé avec de la terre détrempée & de la mouſſe, à peu près ſemblables à la *fig.* 2.

Les Abyſſins logent auſſi dans des cabanes faites de torchis (2).

Celles de Colchos ſont faites de pluſieurs branches d'arbres poſées horizontalement ſur l'une l'autre, & en diminuant vers le ſommet, pour former le toit ; & les intervalles ſont remplis d'échalas recouverts de terre graſſe, pour former les murailles, comme repréſente la *fig.* 3.

En d'autres lieux, on couvre les cabanes avec des herbes priſes dans les étangs.

Aux environs de Marſeille, les maiſons ſont couvertes de terre graſſe pétrie avec de la paille. On fait voir encore à Athènes, comme une choſe curieuſe par ſon antiquité, les toits de l'Aréopage faits de terre graſſe. En Eſpagne, en Portugal, en Aquitaine, & même en France, beaucoup de maiſons ſont couvertes en chaume & en bardeau (3).

Au Monomotapa (dans la Baſſe-Ethiopie, en Afrique), les maiſons ſont toutes conſtruites de bois coupé dans les forêts. On voit encore maintenant de certains Peuples, faute de matériaux & d'intelligence, ſe conſtruire des cabanes avec des peaux & des os de quadrupèdes & de monſtres marins.

On peut conjecturer, d'après cela, que l'envie & la néceſſité de perfectionner ces habitations, fit chercher les moyens d'employer d'abord ce qu'offroit la ſurface de la terre, enſuite la pierre & autres matériaux qu'elle renfermoit, dont on connut bientôt la durée: on ſe fit pour lors des maiſons plus ſolides, & telles que repréſentent les *fig.* 4 & 5, 6 & 7, 8 & 9. On les accoupla, on les réunit, on y fit des planchers, des étages, des eſcaliers, tels qu'il eſt repréſenté par les *fig.* 10 & 11, 12 & 13: enfin l'on parvint, à force d'études & de recherches, à réunir à la ſolidité les diſtributions & décorations. On préſume néanmoins

que les Egyptiens furent les premiers Peuples qui firent uſage de la Maçonnerie en pierre, ce qui paroît vraiſemblable, par quelques fragmens des plus beaux & des plus magnifiques édifices qui aient jamais paru dans l'antiquité : tels ſont ces Pyramides célèbres, les murs de Babylone, le Temple de Salomon, le Phar de Ptolémée, les Palais de Cléopatre & de Céſar, & quantité d'autres monumens cités dans l'Hiſtoire.

Aux édifices des Egyptiens ſuccédèrent les ouvrages des Grecs, qui ne ſe contentèrent pas ſeulement de la pierre qu'ils avoient chez eux en abondance, mais qui firent uſage des marbres des provinces d'Egypte, qu'ils employèrent avec profuſion dans la conſtruction de leurs bâtimens ; conſtruction qui exiſteroit encore, ſans l'irruption des Barbares & les temps d'ignorance qui ſont ſurvenus. Ces Peuples, par leurs découvertes, excitèrent bientôt les autres Nations à les imiter ; ils firent naître aux Romains, ambitieux de s'emparer du Monde, l'envie de les ſurpaſſer, par l'incroyable ſolidité qu'ils donnèrent à leurs édifices, en joignant aux découvertes de leurs prédéceſſeurs l'art de la main-d'œuvre & l'excellente qualité des matières que leurs climats leur procuroient ; en ſorte que l'on voit aujourd'hui avec étonnement, une infinité de veſtiges intéreſſans de l'ancienne Rome.

A ces ſuperbes édifices ſuccédèrent les ouvrages des Goths ; monumens dont la légéreté ſurprenante nous retrace moins les belles proportions qu'une délicateſſe inconnue juſqu'alors, & dont l'aſpect nous aſſure que leurs Conſtructeurs s'étoient beaucoup plus attachés à la légéreté qu'au bon goût.

Des habitations modernes.

On peut compter au nombre des habitations modernes, celles qui ont été conſtruites depuis le commencement du ſeizième ſiècle. Sous le règne de François Premier, l'on chercha la ſolidité dans les monumens qu'il fit conſtruire ; on s'appliqua à imiter les Grecs & les Romains dans leurs conſtructions : alors l'art de bâtir ſortit du chaos où il avoit été plongé pendant pluſieurs ſiècles : on commença à multiplier les édifices, à les fonder avec art, & à les couronner avec goût. On ſe perfectionna peu à peu, & l'on vit paroître preſque en même temps la beauté de la décoration extérieure & la commodité des diſtributions intérieures ; mais ce fut principalement ſous Louis XIV que l'on y joignit l'Art du trait & tous les autres Arts relatifs à la ſolidité & à la beauté des édifices : le luxe, qui chez les Romains fit naître les monumens publics, enfanta nos palais, nos maiſons de plaiſance & nos hôtels, & à l'imitation de ces derniers, nos maiſons particulières de bon goût ; en ſorte que maintenant nous imitons preſque les

---

(1) Le pignon eſt à la ſurface latérale d'un mur, le triangle formé par la baſe, & les deux côtés obliques d'un toit, dont les eaux s'écoulent de part & d'autre.

(2) Torchis eſt une terre graſſe détrempée, mêlée avec de la paille.
(3) Le bardeau eſt un compoſé de pluſieurs petits ais de merrain, à l'uſage des couvertures.

habitations des Grands, sinon dans la richesse & l'opulence, au moins dans l'élégance & l'agrément.

Nos habitations modernes sont ou à la campagne ou à la ville : les premières sont de plusieurs sortes; les unes, qu'on appelle *maisons de plaisance* ou *de campagne*, occupées par les Grands & les particuliers opulens, ont un ou deux étages au plus, & n'ont d'autre objet que de procurer un air salubre, des promenades & le repos; les autres, qu'on appelle *Châteaux*, occupés par les Seigneurs, n'ont, comme ces dernières, qu'un ou deux étages, & sont avoisinés de fermes composées de granges & autres bâtimens pour mettre à couvert les bestiaux, les grains & les autres biens de la campagne. Ces dernières, présentement de pur agrément, ont succédé aux châteaux forts flanqués de tours, environnés d'épaisses murailles, de créneaux & meurtrières autrefois nécessaires dans les temps de trouble & de guerres civiles : d'autres enfin, occupées par les villageois, n'ont qu'un étage, & le plus souvent qu'un rez de chaussée. Les habitations de ville, à la vérité plus resserrées, sont aussi plus agréables & plus commodes. Il en est de plusieurs sortes : les unes, construites entre cour & jardin, éloignées du bruit des rues & places publiques, n'ont qu'un ou deux étages, destinés & occupés par les grands Seigneurs seuls, au milieu de leur famille & de leurs gens : les autres, construites sur le devant, éloignées & souvent privées de jardins, ont trois ou quatre, cinq, & quelquefois six étages destinés à plusieurs particuliers; & les rez de chaussés sont souvent occupés par les boutiques des Commerçans, qui ont leurs magasins au dessus, à portée d'eux & du Public.

Les planches XII, XIII, XIV représentent une de ces dernières distribuée dans le goût moderne, relativement à la manière actuelle la plus ordinaire de loger plusieurs particuliers sous un même toit, composée de caves, rez de chaussée, entre-sol & deux étages, terminés par une mansarde.

Au rez de chaussée (*Pl.* XII, *fig.* 2) est une principale entrée **AA** pour les voitures, & une cour **B** assez vaste pour qu'elles puissent tourner à l'aise : sous le passage sont des vestibules **DD**, & grands escaliers **IV IV**, pour communiquer aux étages supérieurs. Au fond de la maison, des remises **XX** pour les voitures, écuries **EE** pour les chevaux, basses-cours **FF** pour les fumiers, & escaliers de dégagement dans le fond; & sur le devant, des boutiques **HH** & magasins de Commerçans, tant à rez de chaussée qu'en entre-sol, avec leurs entrées particulières **KK**, sans communication dans l'intérieur de la maison. Au premier étage (*Pl.* XIII, *fig.* 2), d'un côté **L**, est un grand appartement commode, & suivant les besoins d'un particulier d'une certaine opulence; de l'autre **N**, un semblable & aussi commode, mais plus petit. Ces sortes de distributions procurent l'avantage d'agrandir ou resserrer les appartemens, bouchant ou débouchant des portes de communications, suivant les besoins des particuliers qui les occupent.

Il faut observer de ne jamais placer de caves dans les jardins, dans les grandes cours, & rarement dans les petites : la raison est que les pluies & neiges traversant les voûtes, les font périr promptement.

Des Constructions.

Les constructions en Maçonnerie se distinguent en anciennes & modernes : les unes employées autrefois par les Egyptiens, les Grecs & les Romains, & les autres employées de nos jours.

De la Maçonnerie ancienne.

Selon Vitruve, la Maçonnerie étoit de deux sortes; l'une qu'on appeloit *ancienne* (*Pl.* III, *fig.* 1 & 2) (élévation & plan), étoit celle qu'on faisoit en liaison, & dont les joints A & B étoient verticaux & horizontaux; & l'autre, qu'on appeloit *maillée* (*fig.* 3 & 4), étoit celle dont les joints A A étoient inclinés suivant l'angle de quarante-cinq degrés : mais cette dernière étoit très-défectueuse, à cause de la poussée des pierres, qu'on étoit obligé de retenir par les angles B B.

Suivant le sentiment général, l'ancienne Maçonnerie étoit autrefois de trois sortes; la première, de pierres taillées & polies; la seconde, de pierres brutes, & la troisième, de ces deux espèces réunies.

La Maçonnerie de pierres taillées & polies se divisoit en deux sortes; savoir, la maillée (*fig.* 5 & 6), appelée par Vitruve *reticulatum*, dont les joints A A des pierres étoient inclinés suivant l'angle de quarante-cinq degrés, & dont les extrémités B B étoient faites de Maçonnerie en liaison, pour retenir la poussée de ces pierres inclinées : mais cette Maçonnerie étoit bien moins solide que les autres, parce que le poids de ces pierres qui portoient sur leurs angles, les faisoit éclater, égrainer, & même ouvrir dans leurs joints, ce qui détruisoit les murs. Les Anciens n'avoient d'autres raisons d'employer cette manière, que parce qu'elle leur paroissoit plus agréable à la vue. La manière de bâtir en échiquier des Anciens (*fig.* 7 & 8), rapportée par Palladio, dans son premier Livre, étoit moins défectueuse, parce que ces pierres ayant leurs joints A A inclinés, étoient retenues non seulement par les extrémités B B de maçonnerie de briques en liaison, mais encore par des traverses C C & des chaînes D D de pareille maçonnerie, tant dans l'intérieur du mur qu'à l'extérieur. La seconde espèce de pierres taillées & polies, étoit celle en liaison (*fig.* 9 & 10), appelée par Vitruve *insertum*, & dont les joints A & B étoient horizontaux & verticaux. C'étoit une des manières de bâtir la plus solide, parce que ces joints verticaux se croisoient, de façon qu'un ou deux se trouvoient au milieu de la pierre qui leur étoit inférieure ou supérieure, ce qu'on appeloit & qu'on appelle encore aujourd'hui *Maçonnerie en liaison*. Cette dernière se divisoit encore en deux; l'une appelée simplement *insertum*, dont toutes les pierres étoient égales par leurs paremens; l'autre, appelée *la structure des*

Grecs (*fig.* 11 & 12), dont les pierres étoient de deux grandeurs alternatives par leurs paremens, en forte que les deux joints d'une petite pierre A fe rencontroient toujours au milieu d'une grande B.

La feconde forte de Maçonnerie ancienne étoit de pierres brutes. Il y en avoit de deux fortes; l'une, appelée, comme la précédente, *en liaifon*, différoit en ce que les pierres n'en étoient point taillées, à caufe de leur dureté; que les liaifons n'étoient point régulières, & qu'elles n'avoient point de grandeurs égales. Cette efpèce fe fubdivifoit auffi en deux; l'une que l'on appeloit *ifodomum* (*fig.* 13 & 14), parce que les pierres A & B, tant extérieures qu'intérieures, quoique d'affifes égales, étoient brutes & d'inégales groffeurs; & l'autre, *pfeudifodomum* (*fig.* 15 & 16, 17 & 18), parce que la hauteur des affifes AA n'étoit point déterminée par l'épaiffeur des pierres, mais faites de plufieurs, fi le cas y échéoit; & l'efpace B d'un parement (1) à l'autre étoit rempli de pierres pofées à l'aventure, fur lefquelles on verfoit du mortier, que l'on étendoit uniment; & quand l'affife étoit achevée, on en recommençoit une autre par-deffus, ce que les Limoufins appeloient & appellent encore *arrafes*, & que Vitruve nomme *erecta caria*.

La troifième forte de Maçonnerie ancienne, appelée *revinctum* (*fig.* 19 & 20), étoit un compofé des deux autres: c'étoient des pierres taillées & polies AA, pofées en liaifon & crampponnées, entre lefquelles on mêloit des cailloux BB & autres pierres jetées au hafard avec du mortier.

Il y avoit encore, felon Vitruve, deux manières anciennes de bâtir: la première étoit de pofer les pierres les unes fur les autres, fans aucune liaifon, & il falloit pour cela que leurs furfaces fuffent bien unies & bien planes; la feconde étoit de pofer ces mêmes pierres les unes fur les autres, & de placer entre chacune d'elles une lame de plomb d'environ une ligne d'épaiffeur.

Ces deux manières étoient fort folides, à caufe du grand nombre de ces pierres & de leur poids, qui leur donnoit affez de force pour fe foutenir: mais elles étoient fujettes à fe rompre & à s'éclater dans leurs angles, quoiqu'il y ait, fuivant Vitruve, des bâtimens très-anciens, où les pierres qui avoient été pofées horizontalement, fans mortier ni plomb, n'étoient point rompues ni éclatées, & dont les joints étoient devenus prefque invifibles, par la jonction des pierres, qui fe touchoient en un fi grand nombre de parties, qu'elles s'étoient confervées entières, ce que l'on obferve encore actuellement dans les démaigriffant (2) vers les bords, comme on le voit en A (*Pl.* V, *fig.* 2): la raifon eft que, lorfque le taffement fe fait, les pierres fe rapprochent, & portent enfuite fur l'extrémité du joint, qui, n'étant pas affez fort pour porter le fardeau, ne manque pas d'éclater: ce qui a fait que les Maçons qui ont travaillé au Louvre, ont imaginé de fendre les joints des pierres avec la fcie, à mefure

que le mortier féchoit & que les murs taffoient, & de remplir lorfqu'il avoit fait fon effet; ce qu'on a imité dans la fuite, & que l'on imite encore actuellement. On doit remarquer par-là, qu'un mur de cette efpèce a d'autant plus de folidité que l'efpace démaigri eft grand, parce que ce mortier ajouté après coup dans la partie qui n'eft point démaigrie, n'ayant aucune vertu, eft compté pour rien, & diminue d'autant la folidité du mur.

Palladio, dans fon premier Livre, rapporte fix manières de faire les murailles: la première, en échiquier; la feconde, de terre cuite ou de briques; la troifième, de ciment fait de cailloux de rivière ou de montagne; la quatrième, de pierres incertaines ou ruftiques; la cinquième, de pierres de taille; & la fixième, de remplage.

La première manière, en échiquier, eft celle rapportée par Vitruve (*fig.* 7 & 8).

La deuxième, en carreaux de terre cuite, grands ou petits (*fig.* 21 & 22). Il falloit que ces carreaux fuffent bien féchés avant que de les faire cuire, fans quoi ils étoient fujets à fe rompre ou à fe fendre pendant la cuiffon. On voit dans la Rotonde, les Thermes de Dioclétien, & la plus grande partie des édifices de Rome; à Athènes, en face du mont Hymete, au Temple de Jupiter, & aux Chapelles du Temple d'Hercule, dans la ville d'Arezzo en Italie, & à Sparte, dans la maifon des Rois Attaliques, des murs conftruits de cette manière: la maifon de Créfus & le palais de Maufole, à Halycarnaffe, ont encore des murailles exiftantes, faites de pareilles briques.

La troifième étoit de faire les extrémités du mur AA (*fig.* 23 & 24), & quelquefois le milieu BB par chaînes de diftance en diftance, en carreaux de pierres en liaifon; le milieu CC, en pierres de toutes fortes de formes, caffées & mêlées de mortier. Les extrémités de ces murs AA (*Pl.* IV, *fig.* 1 & 2), fe faifoient auffi de briques en liaifon, avec chaînes BB; le milieu CC, en gros cailloux de rivière caffés, ou autres pierrailles avec ciment, plaçant de trois en trois pieds de hauteur, deux ou trois rangs de moëllons ou de briques en liaifon DD. Les murailles de la ville de Turin font bâties de la première; les murs des Arènes, à Vérone, comme ceux de plufieurs bâtimens antiques, font de la dernière.

La quatrième étoit appelée *incertaine* ou *ruftique* (*fig.* 3 & 4). Les extrémités de ces murailles étoient faites de carreaux de pierre de taille en liaifon AA; le milieu BB, de pierres de toutes fortes de formes, ajuftées chacune dans leur place: auffi étoit-on obligé d'employer la fauterelle ou fauffe-équerre; ce qui donnoit beaucoup de fujétion, fans pour cela procurer plus d'avantages. Il y a à Prenefte des murailles, ainfi que des pavés de grands chemins faits de cette manière.

La cinquième eft à peu près celle que Vitruve appelle *la ftructure des Grecs*, repréfentée par les

---

(1) Le parement d'une pierre eft fa face extérieure.
(2) Le démaigriffement d'une pierre eft une partie tant foit peu creufée & hachée vers le milieu jufqu'à environ quatre pouces des bords.

figures

figures 11 & 12, *Pl.* III. On voit encore par les reftes du Temple d'Augufte, qu'il fut bâti de cette manière.

La fixième étoit les murs de remplage. On conftruifoit à cet effet des caiffes (*fig.* 5) de la hauteur qu'on vouloit les lits, avec des madriers A A retenus par des poteaux B B & arcs-boutans C C, qu'on rempliffoit enfuite de mortier, de ciment, & de routes fortes de pierres de diverfes formes & grandeurs. On bâtiffoit ainfi de lit en lit : mais ces fortes de caiffes devenoient de plus en plus difficiles à conftruire, à mefure que les murs s'élevoient. On bâtit ainfi au bord du Rhône, dans le Lyonnois, le Dauphiné, le Forez, &c.

Une autre ancienne manière de faire des murailles, étoit de pratiquer deux murs A A (*fig.* 6 & 7), de trois ou quatre pieds d'épaiffeur, diftans l'un de l'autre d'environ fix pieds, liés enfemble par des petits murs en travers B, formant des efpèces de coffres carrés, que l'on rempliffoit enfuite de mortier & de pierres C.

On pavoit anciennement les grands chemins en maçonnerie de pierre de taille A A (*fig.* 8 & 9), que l'on bordoit de plus groffes B B, ou en ciment mêlé de terre glaife & de fable A A (*fig.* 10 & 11), bordé de pierrailles B B, ou en caillloutages A A (*fig.* 12 & 13), bordé de gros cailloux B B. Le milieu des rues des anciennes villes étoit pavé en grès A A (*fig.* 14 & 15), & les côtés B B avec des pierres plus épaiffes & moins larges, comme leur paroiffant commodes pour marcher, & néceffaires pour foutenir l'ouvrage.

De la Maçonnerie moderne.

La maçonnerie moderne, & celle que l'on emploie de nos jours, eft de trois efpèces : la première, en pierre; la deuxième, en moëllons, & la troifième en hourdages ou colombages.

La vignette de la cinquième Planche repréfente un attelier de maçonnerie de cette efpèce.

De la Maçonnerie en pierre.

Cette maçonnerie eft faite de gros blocs de pierre par carreaux (1) A'A (*Pl.* V, *fig.* 1) & boutiffe (2) B B, taillés fuivant l'art & la coupe du trait (3), relativement aux plans & diftributions des bâtimens, pofés en recouvrement les uns fur les autres, & liés enfemble avec les mortiers en ufage. Cette manière de bâtir eft fans contredit la meilleure & la plus folide de toutes, fur-tout lorfque les pierres font de bonne qualité, exemptes de moyes (4), fils (5), boufins (6), &c. On l'emploie aux édifices qui exigent de la folidité, depuis le fol jufqu'aux premiers étages, quelquefois jufqu'aux corniches & au delà, & quelquefois auffi en fondations.

Elle fe divife en pierre dure & en pierre tendre.

La maçonnerie en pierre dure, inacceffible aux impreffions d'humidité, s'emploie au pied des édifices, & dans les lieux aquatiques. La qualité de la pierre dont elle eft compofée, dure à tailler, rend cette maçonnerie très-difpendieufe; mais auffi d'une excellente conftruction, lorfqu'on a foin d'en obferver toutes les loix. Ces loix font, 1°. que les liaifons C C des pierres (*fig.* 1) foient au moins de fix à fept pouces de longueur; 2°. de les bien équarrir, & en rejetter tout le tendre & le boufin : l'un & l'autre émouffant les fels de la chaux, qui fert de liaifon, ne peuvent faire une bonne conftruction; 3°. d'en démaigrir les lits vers le milieu A (*fig.* 2), afin qu'il puiffe s'y trouver deffous environ un demi-pouce d'épaiffeur de mortier; 4°. d'en piquer les paremens intérieurs à la pointe, afin que par ce moyen, les matières que l'on coule entre elles, puiffent les agraffer & les confolider; 5°. d'éviter toute efpèce de garnis & rempliffage; 6°. les bien caller de niveau dans leurs parties angulaires, fur des petites pièces de chêne (*fig.* 3 & 4), appelées *calles*, de deux lignes d'épaiffeur au plus, & de la largeur de deux doigts, ou fur des lames de plomb A A (*fig.* 5) de pareille épaiffeur; 7°. de bien nettoyer & mouiller les lits & les joints des pierres; 8°. de les couler & ficher à bain de mortier, de manière qu'il n'y y refte aucune partie d'air dans l'intérieur; 9°. enfin d'en fcier de fois à autres les joints horizontaux D D (*fig.* 1), de peur qu'ils ne s'éclatent à mefure que le bâtiment s'affaiffe.

Il eft une manière de bâtir en pierres dures, appelée *en libages*, compofée de blocs ruftiques & mal faits, depuis un jufqu'à trois pieds cubes, qui font en quelque forte le rebut des pierres dures que l'on tire des carrières, trop menues pour être employées comme pierres de taille, & trop groffes pour être employées comme moëllons. Il en eft de toutes fortes de formes & grandeurs. On les équarrit quelquefois, mais feulement à la pointe. On en dreffe les lits, fupprimant toujours le boufin. On les pofe auffi en liaifon, & par préférence aux fondations des bâtimens, & jamais aux élévations.

Une autre manière de bâtir en pierre dure, eft celle faite en grès, efpèce de pierre compofée de fable confolidé, dont on fait beaucoup d'ufage dans les lieux où il n'y a point d'autres pierres, & où cette efpèce eft ordinairement fort commune. Cette pierre eft très-dure, très-difficile à tailler, & fait mal liaifon : néanmoins on ne laiffe pas que d'en faire de fort bonnes conftructions, fur-tout lorfque les blocs font d'une certaine groffeur.

Le grès, fec & aride dans fon principe, compofé de grains de fable attachés fucceffivement les uns aux autres, pour fe former avec le temps en blocs,

---

(1) Un carreau eft une pierre qui ne traverfe point l'épaiffeur du mur, & qui n'a qu'un parement.

(2) Une boutiffe eft une pierre qui traverfe l'épaiffeur du mur: lorfqu'elle a deux paremens, on la nomme auffi *parpin*.

(3) La coupe du trait eft une fcience particulière de conftruire les voûtes.

(4) Une moye eft une partie tendre & humide qui fe trouve dans l'épaiffeur des pierres.

(5) Un fil eft une efpèce de rupture qui traverfe la pierre.

(6) Le boufin eft le lit tendre d'une pierre abreuvée de l'humidité de la carrière.

B

exige, lors de la conftruction, un mortier de la meilleure chaux & du meilleur ciment possible, & non de fable. Les parties anguleufes du ciment s'infinuant dans le grès avec une forte adhérence, par le fecours de la chaux, uniffent fi parfaitement toutes fes parties, qu'elles ne font qu'un tout, de manière à rendre cette conftruction indiffoluble, & capable de réfifter à toutes les injures du temps. Il faut obferver néanmoins de faire dans les lits de cette pierre des zigzags A A (*fig.* 6), afin que le mortier étant en plus grande quantité, ne puiffe fe fécher trop promptement, par la nature du grès, qui s'abreuve aifément des efprits de la chaux; le ciment fe trouvant alors altéré, n'auroit pas affez de force pour s'accrocher & s'incorporer dans le grès, à qui tous ces fecours font indifpenfables pour faire une bonne liaifon.

La maçonnerie en pierre tendre peut devenir folide, lorfqu'elle n'eft point expofée à l'humidité. La pierre dont elle eft compofée eft facile à tailler, & s'endurcit à l'air : on en fait auffi de bonnes conftructions, lorfqu'on obferve, comme à la pierre dure, de faire de bonnes liaifons, d'en démaigrir les lits, d'éviter les garnis, de les bien caller, couler & ficher, & enfin d'en fcier de temps en temps les joints horizontaux.

De la Maçonnerie en moëllon.

Cette maçonnerie, compofée de petits blocs de pierre de toutes fortes de groffeurs, jufqu'à un pied cube, trop menues pour être employées comme pierres, fe diftingue en maçonnerie proprement dite, & en limoufinage : l'une, où l'on emploie le plâtre, eft faite par les Maçons, efpèce d'ouvriers défignée parmi les autres, dont le talent eft de favoir bien l'employer; & l'autre, où l'on emploie les mortiers, eft faite par les Limoufins, autre efpèce d'ouvriers, dont le feul talent eft de favoir les employer, & qui, pour cet effet, arrivent au commencement des printemps. Ces deux efpèces fe divifent en trois autres. La première, de deux fortes; l'une, que l'on appelle *en moëllons durs*, s'emploie en fondations & au pied des murs élevés; l'autre, que l'on appelle *en moëllons tendres*, s'emploie dans les parties élevées & au fommet des bâtimens. Ces deux manières de bâtir, que Vitruve appelle *ampleton*, font très-bonnes, lorfque les pierres, de bonne qualité d'ailleurs, font pofées fur leurs lits, bien liaifon-nées & fans bouſin, partie tendre & fpongieufe qui abforbe & amortit les fels de la chaux, l'ame du mortier. Il eft encore mieux de les dégroffir & équarrir, pour les rendre plus giffantes, fans quoi les interftices de différentes grandeurs produifent une inégalité dans l'emploi du mortier, & un taffe-ment inégal dans la conftruction des murs; ce qui, pour cette raifon, doit faire rebuter les moëllons trop arrondis, appelés *têtes de chat*.

La deuxième, qu'on appelle *en moëllon de meu-lière*, eft d'un grand ufage en France. Les plus gros quartiers font employés à faire des meules de moulins. Cette efpèce de pierre eft très-poreufe,

s'abreuve aifément des agens qui lui fervent de liaifon, & conféquemment fait une très-bonne conf-truction ; mais, trop dure pour être taillée, elle ne peut faire parement, fe caffe par éclats, & s'emploie de préférence dans les fondations ou dans l'intérieur des murs.

La troifième manière, en pierrailles ou rocailles, ce que les Anciens entendoient par *blocage*, en latin *ftructura ruderaria*, eft compofée de moëllons de toutes fortes de formes, & pour le plus fouvent prefque ronds, fans lits, fans paremens, fans queues; de forte qu'ils ne peuvent faire bonne liaifon dans les murs : auffi ne les emploie-t-on qu'aux murs de clôture ou aux maifons peu élevées, peu chargées, & dont la couverture eft légère. Lorfque, faute d'autres, on eft obligé de les employer à des murs élevés, il eft néceffaire de les fortifier par une plus grande épaiffeur, & de les employer avec le meil-leur mortier poffible : c'eft la feule manière de faire une bonne bâtiffe avec cette efpèce de pierre ; & c'eft ce que Vitruve entend par une très-bonne manière de bâtir.

Ainfi furent faits les fondemens de la colonne de la nouvelle Halle au bled à Paris. Lors de la conf-truction de cet édifice, on fut obligé, pour l'en-gager dans la nouvelle bâtiffe, de lier les fonde-mens avec ceux du bâtiment : en les découvrant, on s'apperçut que les mortiers avoient été de très-mauvaife qualité ; que non feulement les pierres n'avoient point de liaifon, mais même qu'on avoit laiffé des vides confidérables, au point qu'une canne de cinq pieds de longueur y entra toute en-tière & s'y perdit. On fe détermina à la fonder de nouveau en fous-œuvre & par parties; mais, foit négligence ou économie, on ne reprit que la par-tie du côté du bâtiment, & l'autre demeura telle qu'elle étoit. Ce qui parut fingulier, c'eft que cette colonne, quoiqu'ayant toujours été mal fon-dée, n'a jamais fouffert le plus petit affaiffement inégal, & en conféquence a toujours paffé jufqu'à ce moment pour être folidement fondée; ce qui cependant ne doit pas être donné comme un exemple à fuivre.

Il eft une autre efpèce de moëllon en terre crue ou cuite, dont on fait ufage prefque par-tout, & fur-tout dans les pays où la pierre eft rare; l'une, employée dans le fond des campagnes & dans des lieux privés d'aifances, eft faite d'une argile graffe & ferme : on en fait des morceaux de fept à huit pouces fur douze à quinze pouces, & quatre à cinq pouces d'épaiffeur, foit à la main, foit au moule. On les pétrit & on les fait fécher, non au feu ni au grand foleil, qui les feroient gerfer & fendre, mais fimple-ment à l'air ; ce qui eft d'une longueur propor-tionnée à la groffeur des blocs : ainfi bien féchée, on en fait des murs liaifonnés & d'aplomb, avec un mor-tier de pareille terre. Cette forte de bâtiffe, à la vérité, n'eft pas propre à porter fardeau ; auffi ne fert-elle qu'aux maifons de la campagne, très-peu élevées, & couvertes de chaume : l'autre, en moëllon de terre cuite, communément appelé *brique*, en latin *lateritium*, dont on fait beaucoup d'ufage en

France, est très-bonne & solide. C'est aussi une terre argileuse & grasse, dont on fait des blocs de toute grosseur : on la pétrit comme la précédente, & on la fait cuir au four, qui lui donne une couleur rougeâtre ou blanche, suivant les pays, & une dureté suffisante pour porter fardeau : mais les gros volumes sont longs & difficiles à bien sécher, & ne le sont en quelque sorte jamais parfaitement ; de manière que, pour peu qu'il reste de parties de pierre calcaire ou d'humidité dans l'intérieur, ils se fendent à la cuisson : on en perd une partie, & l'autre demeure imparfaite. Les grosseurs les plus ordinaires, & dont on fait un gros commerce, se font au moule, & portent huit pouces de long, quatre pouces de largeur, & deux pouces d'épaisseur. On les emploie en liaison, avec les agens en usage. Comme cette sorte de terre bien cuite n'est point sujette à se calciner, on l'emploie aux âtres & souches de cheminée. Sa couleur & son uniformité fait quelquefois décoration aux bâtimens de quelque importance. Il paroît que les Anciens en faisoient beaucoup de cas, de préférence à la pierre & au marbre, qu'ils avoient chez eux en abondance. Si dans la suite on défendit à Rome cette sorte de bâtisse, ce fut par la nécessité d'économiser les surfaces des terreins, devenues précieuses par la quantité des habitans.

De la Maçonnerie en hourdage (1) ou colombage (2).

Cette manière de bâtir est peu solide, mais aussi peu dispendieuse, & peut s'exécuter par-tout. Les Anciens s'en servoient dans la construction de leurs cabanes. Les uns faisoient des hourdages (fig. 7), avec des branchages & de la terre : les plus intelligens y mêloient de la paille ou du foin haché, comme on fait encore actuellement dans les Provinces. Les meilleurs sont construits en petites pierres ou platras A A (fig. 8 & 9), entrelacés de lattes B B, fixées sur les bois C C, dont les bâtimens sont composés ; recouverts, & enduits de mortiers ou plâtre, ce que l'on entend par légers ouvrages.

Du choix des matériaux dans les constructions.

Le choix des matériaux est très-essentiel dans la bâtisse ; il dépend souvent de la situation des lieux, de l'éloignement & de la dépense nécessaire pour se les procurer. Le bois ayant paru le plus commode de tous, on l'assembla, on l'entrelaça de branchages, que l'on garnit de terres grasses, & par la suite de plâtras & plâtres ; mais à force d'en multiplier les usages, il devint rare ; en sorte que la nécessité, aidée de l'industrie, fit trouver la manière d'employer les pierres, d'abord les plus petites, comme plus faciles à transporter, ensuite les plus grosses, à l'aide de l'Art du trait & des engins que la Mécanique fit naître pour leur transport. Les plus dures,

les plus glissantes, qui ont de longues queues, & qui font une bonne liaison, ont été préférées dans les fondations & au pied des murs : aussi sont-elles les plus difficiles à tailler & à mettre en œuvre ; les plus tendres, comme plus foibles, ont été réservées pour les parties élevées & éloignées des humidités : celles qui tiennent un milieu entre ces deux espèces, sont réservées pour les parties intermédiaires Les plus grosses pierres, qu'on appelle communément *pierres de taille*, sont toujours la meilleure bâtisse, mais aussi la plus dispendieuse.

La diversité des pierres & leur variété est si grande, qu'on ne peut en quelque sorte en déterminer exactement le choix. Du nombre des pierres dures, les unes, extraordinairement dures, sont rebutées des Maçons, qui trouvent trop peu de bénéfice dans leur emploi ; les autres, trop tendres, molles & humides, sujettes à la gelée & au moulirage(3), ou trop foibles pour porter fardeau, sont rebutées par les Architectes ; en sorte que celles qui sont fermes & pleines, égales en couleur & en dureté, & faciles à tailler, sont préférées des uns & des autres. Du nombre des pierres tendres, les unes fermes, & néanmoins faciles à tailler, résistent au fardeau, à l'humidité, à la gelée, & aux intempéries des saisons ; les autres, très-tendres & très-foibles, quoique de bonne qualité, ne peuvent résister qu'à un léger fardeau ; & d'autres enfin, qui tenant la moyenne proportionnelle entre ces deux espèces, sont inégales en qualité, & ne peuvent être employées que dans les parties des édifices les moins importantes.

On a imaginé depuis quelque temps, de s'assurer par comparaison de la résistance de la pierre sous le fardeau, par un moyen fort simple, de l'invention d'un de nos plus habiles Architectes, M. Soufflot. Ce moyen est de donner aux blocs de pierre destinés à l'épreuve, la même forme & grosseur, de les placer tour à tour entre un massif uni & un levier du deuxième genre, & de charger ensuite peu à peu & à mesure à l'extrémité du levier, jusqu'à ce que le bloc s'écrase sous le poids : celui auquel il faut un plus grand poids pour l'écraser, est reconnu avoir le plus de capacité, & est en effet le plus fort, & conséquemment la pierre de même espèce regardée comme la plus solide. Cette épreuve, faite avec exactitude, peut en effet donner des lumières sur la solidité de la pierre : mais dans le corps d'un même bloc, comme dans tous les minéraux & végétaux, il est tant d'inégalité, tant de nuances de dureté & de solidité, qu'on ne sauroit juger qu'imparfaitement de son degré de résistance : la moindre veine, le plus petit fil, souvent imperceptible, en altère beaucoup la qualité, & l'on est souvent étonné que de deux blocs de pareil volume, pris dans la même carrière, dans la même masse & dans le même morceau, tous deux chargés d'un pareil fardeau, l'un s'écrase & l'autre se soutient.

---

(1) Les hourdages sont des parties de cloisons garnies de plâtre, mortier ou terre.

(2) Les colombages sont des hourdages recouverts de mortier ou plâtre.

(3) Une pierre moulinée est celle dont la surface extérieure est comme mangée des vers. Ce défaut s'est trouvé si régulier dans quelques-unes, qu'il a fait naître en Architecture un ornement qu'on appelle *Vermiculures*.

La pierre que l'on préfère est souvent celle qui est le plus à portée des travaux, sur-tout lorsqu'elle est de bonne qualité, la plus éloignée exigeant des charrois qui l'enchériffent & rendent les édifices difpendieux. Son défaut ordinaire est d'être plus ou moins coquilleufe, & quelquefois graveleufe, ce qui fait un défagrément dans l'appareil, mais ne l'empêche point pour cela d'être très-folide. Les défauts qui doivent la faire rebuter, font les moyes, les fils, & fur-tout les boufins.

Les moyes font des parties tendres & humides, qui n'ont pu prendre affez de confiftance & de dureté dans la carrière, & qui n'ont point encore lié toutes les parties de la pierre, en forte qu'elle fe fépare quelquefois en deux dans fon épaiffeur, ce qu'on appelle *déliter*. Ces fortes de pierres ne font pas un grand vice dans la conftruction, lorfqu'elles font en petit nombre; les habiles Maçons les emploient même après qu'elles font détachées, en les remettant exactement dans leur fituation naturelle : quelques-uns prennent foin, & ce qui est mieux, de les cramponner, pour maintenir parfaitement les deux pièces enfemble : leurs furfaces, qui fe touchent exactement dans toutes leurs parties, quoique fans agens, ne font qu'une, & ne peuvent altérer en aucune façon la folidité des conftructions : néanmoins les Architectes font dans l'ufage de les rebuter, ce qui fait qu'on les paffe fouvent à leur infçu.

Il y a quelquefois dans ces moyes des parties de boufin larges & étendues, qui, lorfqu'elles font peu profondes, font plutôt un défaut de propreté que de folidité; auffi a-t-on foin de les tourner du côté de l'intérieur des murs; mais lorfque les Maçons y ont manqué, ils ont l'induftrie d'équarrir ces cavités, & de les remplir de petites pièces de pareille pierre, fi bien & fi adroitement, que les yeux les plus fins ont peine à les découvrir. On en fait autant aux joints des pierres, lorfqu'elles ont des épaufrures, écornures ou manque de pierre qui les feroient rebuter; toutes chofes qui fe font à l'infçu des Architectes, & qui en effet ne font point de la bonne conftruction : ces pièces étant d'un très-petit volume, fe détruifent avec le temps, & font tôt ou tard un défagrément dans les façades. Ces petits raccordemens tendent à l'économie de la pierre & à l'avantage des Maçons; auffi ont-ils grand foin d'éviter les yeux des Architectes.

Les fils font des ruptures qui traverfent les pierres & les détruifent; défaut qui doit les faire rebuter. Ces fortes de pierres rendent la maçonnerie peu défectueufe, lorfqu'elles font comprifes dans l'épaiffeur des maffifs, & fur-tout lorfqu'on a foin de les cramponner. Les Maçons ont auffi grand foin de les faire paffer à l'infçu des Architectes, pour éviter toute difficulté.

Les boufins font des parties de pierres humides & tendres, qui tiennent à leurs lits, qui n'ont aucune confiftance, & qu'il faut néceffairement ex-

traire de la pierre avant que de la mettre en œuvre. Cette partie tendre émouffe les efprits de la chaux & du mortier, qui fervent de liaifon, & empêche les pierres de s'unir & faire corps.

Des Murs en général.

La manière de faire des murs étant un des objets les plus importans dans la conftruction des édifices, on peut dire, avec vérité, que rien n'exige plus d'attention & d'expérience : la qualité du terrein, les différens pays où l'on fe trouve, les matériaux que l'on a, & d'autres circonftances qu'on ne fauroit prévoir, doivent décider de la manière de bâtir : celle où l'on emploie la pierre est fans doute la meilleure; mais comme il y a des lieux où elle est fort chère, d'autres où elle est très-rare, & d'autres encore où il ne s'en trouve point du tout, on est obligé alors d'employer ce que l'on trouve, obfervant de pratiquer dans l'épaiffeur des murs, fous les retombées (1) des voûtes, fous la portée des poutres & des linteaux (2), dans les angles & dans les endroits qui ont befoin de fûreté, des chaines folides en pierre, grès, &c. ou d'avoir recours à d'autres moyens, pour donner aux murs une fermeté immuable.

Des Murs en fondations.

Les fondemens demandent beaucoup d'attention pour parvenir à leur donner une folidité convenable : c'est ordinairement de là que dépend tout le fuccès de la conftruction. Suivant Palladio, les fondemens étant la bafe & le pied du bâtiment, font difficiles à réparer; & lorfqu'ils fe détruifent, le refte des murs ne peut plus fubfifter. Il faut donc, avant que de fonder, confidérer fi le terrein est folide, finon creufer plus avant, ou fuppléer au défaut de la Nature par le fecours de l'Art : mais, fuivant Vitruve, il faut fouiller jufqu'à un bon terrein, qui puiffe fupporter le poids des murs, bâtir enfuite le plus folidement poffible, avec la pierre la plus dure, & avec plus de largeur qu'au rez de chauffée, ce qu'on appelle *empattement*.

L'empattement d'un mur A (*fig.* 10), appelé par Vitruve *Stereobatte*, doit, fuivant lui, avoir la moitié de fon épaiffeur. Palladio (*fig.* 11) lui donne le double, &, lorfqu'il n'y a point de caves, la fixième partie de fa hauteur. Scamozzi (*fig.* 12) lui donne le quart au plus, & le fixième au moins, quoiqu'aux fondemens des tours il lui ait donné trois fois plus. Quelques-uns (*fig.* 13), lui donnent les trois quarts. Philibert de Lorme & Manfard lui donnent la moitié, & Bruant (*fig.* 14) les deux tiers. Nos Modernes (*fig.* 13) lui donnent à peu près le tiers ou le quart. En général, l'épaiffeur des fondemens, dit Palladio, doit être réglée fur la profondeur & la hauteur des murs, fur la qualité du terrein & celle des matériaux qu'on y emploie. C'est, ajoute cet Auteur, à un habile Conftructeur qu'il convient d'en juger.

---

(1) Les retombées des voûtes font les points où les courbes prennent naiffance.

(2) Les linteaux font les plate-bandes qui terminent le fommet des vuides.

Lorsque l'on veut, dit-il ailleurs, ménager la dépense des excavations & des fondemens, on pratique des piles A B (*Pl.* VI, *fig.* 1) que l'on pose sur le bon fond, & sur lesquelles on bande des arcs C C, observant de faire celles des extrémités B B plus fortes, parce qu'appuyées toutes les unes sur les autres, celles du milieu tendent à pousser au dehors ; ce que Philibert de Lorme a fait au Château de Saint-Maur, lorsqu'en fouillant pour les fondations, il trouva plus de quarante pieds de terres remuées ; il se contenta pour lors de faire des fouilles d'une largeur convenable à l'épaisseur des murs, fit élever sur le bon terrein, des piles éloignées de douze pieds l'une de l'autre, sur lesquelles il éleva des arcs en plein ceintre, & bâtit dessus comme à l'ordinaire.

Alberti, Scamozzi & d'autres conseillent de fonder ainsi dans les édifices où il y a beaucoup de colonnes, pour éviter la dépense des fouilles & fondemens dans l'intervalle des colonnes, & sur-tout de renverser les arcs C C (*fig.* 2), de maniere que l'extrados des claveaux D D (1) soit posé sur le terrein, ou sur de pareils arcs E E bandés (2) en sens contraire, parce que, disent-ils, le terrein où l'on fonde pouvant se trouver d'inégale consistance, il est à craindre que, dans la suite, quelques piles venant à s'affaisser, ne causent une rupture aux arcades, & conséquemment aux murs élevés dessus : ainsi, par ce moyen, si une des piles se trouve moins assurée que les autres, elle est arc-boutée par les arcades voisines, qui ne peuvent céder, étant portées sur les terres qui sont dessous.

Le sentiment de ces Auteurs, dans cette circonstance, paroît assez mal appuyé sur les vrais principes de la solidité. Par exemple, si le terrein où les piles A A sont fondées, vient à fléchir, les piles fléchiront aussi ; en fléchissant, elles entraîneront infailliblement avec elles les claveaux E F & leurs sommiers F F, qui, à leur tour, céderont aux piles supérieures *a a* & aux arcs renversés C C. D'ailleurs il y a lieu de croire que toutes les terres, à la hauteur des arcades, sont rapportées, puisqu'elles n'ont pu servir à fonder les piles ; auquel cas elles ne peuvent avoir assez de solidité pour soutenir les voûtes. Quoique cette méthode soit en effet peu solide, il est probable cependant qu'un poids distribué sur une grande surface de terrein, sera toujours sujet à un moindre tassement, que s'il étoit distribué sur une petite surface.

Il faut encore observer, dit Palladio, de donner de l'air aux fondations, par des ouvertures qui se communiquent ; d'en fortifier les angles, & d'éviter de placer trop près d'eux des croisées, portes, ou autres vides qui en diminuent la solidité.

S'il arrive, dit Bélidor, qu'en voulant fonder, l'on trouve des sources qui nuisent aux travaux, l'on a soin de pratiquer des puits au delà, & d'y conduire les eaux par des rigoles, pour ensuite les élever avec des machines, ce qui procure le moyen de travailler à sec. On observe aussi, dans leur épaisseur, des petits aqueducs, qui donnent un cours libre aux sources, & les empêchent de nuire aux fondemens.

Des Fondemens sur le bon terrein.

On peut juger, dit Vitruve, de la solidité d'un terrein, par les herbes qui naissent aux environs, par des puits, citernes ou trous de sonde, ou enfin, lorsqu'en laissant tomber dessus, & de fort haut, un corps très-pesant, il ne résonne ni ne frémit ; ce qui se connoît par un tambour placé assez près, ou un vase rempli d'eau, dont le calme n'est point interrompu. L'expérience faite, on pose un massif de libages, & par-dessus des pierres ou moëllons en liaison, avec mortier, jusqu'au rez de chaussée. Il arrive néanmoins des occasions où le terrein n'est pas également solide par-tout, même dans un petit espace. On en a vu un exemple, lorsqu'on a fouillé pour les fondemens de la nouvelle Eglise de Sainte Géneviève : l'excavation faite, & le bon terrein trouvé, on reconnut des especes de puits, au nombre de plus de quarante, dont les terres avoient servi à une manufacture de poteries, établie autrefois en cet endroit, & ensuite comblés. On les fouilla de nouveau jusqu'au solide, & on les remplit ensuite en maçonnerie de libages & mortiers, qu'on laissa tasser pendant l'hiver. Le sol ainsi préparé, on y établit des fondemens solides.

Quoique le bon terrein se trouve ordinairement dans les lieux élevés, il y a cependant dans les lieux aquatiques & profonds, des rocs, glaises, graviers, marnes, & même des sables bouillans (3), sur lesquels, après un mûr examen, on peut fonder avec confiance.

Des Fondemens sur le roc.

Ces fondemens sont, dit Vitruve, les plus solides de tous, parce qu'ils sont déja fondés par le roc même. Ceux que l'on fait sur le tuf & la scarente (4), dit Palladio, ne le sont pas moins, parce que ces terreins sont déja fondés eux-mêmes.

Avant que de s'appuyer sur le roc, il faut s'assurer en plusieurs endroits de sa solidité, par le secours de la sonde ; car s'il se rencontroit des cavités qui ne permissent pas d'élever solidement dessus, il faudroit y construire des piliers & bander des arcs pour soutenir la maçonnerie, & , par-là, éviter ce qui est arrivé au Val-de-Grace à Paris, où, lorsqu'on eut trouvé le roc, on crut y fonder solidement : mais les fondemens, élevés à une certaine hauteur, firent fléchir un ciel de carriere, qui avoit été fouillée autrefois ; de sorte qu'on fut obligé de le percer, & de construire en sous-œuvre des piliers, pour soutenir l'édifice. Une chose plus sur-

---

(1) Un claveau est une des pierres qui composent une arcade. Son intrados est sa surface intérieure, & son extrados sa surface opposée.

(2) On dit un arc bandé, parce que son poids le fait bander & roidir contre les piédroits ou piliers.

(3) Les sables bouillans sont très-fins, & remplis de sources.

(4) La scarente est une espece de terrein pierreux, assez solide pour supporter de grands fardeaux, tant dans l'eau que dehors.

C

prenante encore, rapportée par Briseux & Jacques-François Blondel, arriva à Abbeville, à la Manufacture de Vanrobès : les fondemens de cet édifice étant élevés en totalité, s'enfoncerent également, & tout à coup, de six pieds en terre. On chercha le sujet d'un évènement si subit & si général : l'on découvrit enfin que, le même jour, on avoit achevé de percer un puits dans les environs, & que l'ouverture ayant donné de l'aisance aux sources, avoit aussi donné lieu aux fondemens de s'affaisser. Alors on prit le parti de le combler ; ce qu'on ne pût faire, malgré la quantité de matériaux que l'on y jeta ; de sorte que l'on fut obligé d'y descendre un rouet(1) de charpente en plein, faisant une espèce de bouchon, sur lequel on jeta de nouveaux matériaux : mais, ce qui parut incompréhensible, c'est qu'après l'avoir comblé, on s'apperçut qu'il y en étoit entré une bien plus grande quantité qu'il ne pouvoit en contenir. Néanmoins l'opération finie, on continua le bâtiment avec succès, & il subsiste encore aujourd'hui.

Alberti & de Lorme rapportent qu'ils se sont trouvés en pareil cas, dans d'autres circonstances.

Une fois convaincu de la solidité du roc, on pratiquera dessus des lits horizontaux par ressauts, suivant la pente du roc, avec le plus d'assiette possible, ayant soin de les piquer à la pointe, afin que le mortier puisse s'y agraffer & faire bonne liaison.

Lorsque les fondations ont beaucoup de hauteur, on pratique quelquefois des arcs A A (*fig.* 3), dont une retombée B B pose sur le roc C, & l'autre D D sur le bon terrein E E, ou sur un massif fait exprès & bien fondé. Il faut alors que les pierres dont il est composé, soient posées sans mortier, jusqu'à la hauteur du roc, ou qu'étant jointes avec le mortier, on lui ait donné un temps suffisant pour sécher ; sans quoi le massif & les piles D D tassant d'un côté, & le roc C ne tassant point de l'autre, il ne manque pas d'arriver une désunion dans les arcs A A.

Si l'on est obligé d'y adosser la maçonnerie A (*fig.* 4), on y observera des arrachemens B B, aussi piqués sur leurs lits, pour recevoir les harpes des pierres. Si la surface du roc A (*fig.* 5) est inégale, on peut éviter de le tailler, & y employer toutes les mêmes pierres B qui embarrassent l'attelier, & qui, avec le mortier, remplissent parfaitement les inégalités du roc. Ce genre de construction, appelé *pierrée*, étoit très-estimé des Anciens. Bélidor en fait beaucoup de cas, & prétend que lorsqu'elle s'est une fois endurcie, elle forme une masse plus solide & plus dure que le marbre. En effet, on en voit souvent des exemples : entre autres, en construisant les fondemens extérieurs de la nouvelle Halle aux bleds à Paris, on trouva d'anciens murs de ville, qu'il ne fut jamais possible d'arracher qu'en partie, même avec bien du temps & des

peines ; le reste demeura, & servit aux fondemens des nouvelles constructions.

Pour faire ces sortes de fondemens, on creuse le roc A (*fig.* 6) sur deux alignemens B C & D E d'environ six pouces de profondeur, éloignés l'un de l'autre de la largeur nécessaire. On les borde de chaque côté de cloisons de charpente, en forme de coffres F F droits ou par ressauts, en montant ou descendant, suivant les inégalités du roc ; on les remplit de menues pierres & de décombres, s'ils sont de bonne qualité, observant d'en faire les extrémités obliques ou par arrachement. On les corroie ensemble avec le mortier, & on les bat avec la demoiselle, à mesure que la maçonnerie s'éleve, surtout dès les commencemens, afin que les pierres & le mortier, s'insinuant plus facilement dans les cavités du roc, puissent s'agraffer & s'incorporer avec lui. Si le roc A (*fig.* 7) est escarpé, on se contente d'une seule cloison B sur le devant, & on remplit l'intervalle de semblable pierrée. La hauteur établie convenablement, la maçonnerie un peu sèche, & ayant déjà une certaine fermeté, on détache les cloisons, pour s'en servir plus loin. Lorsqu'elles sont replacées, on humecte d'eau la maçonnerie déjà faite, on bat la nouvelle par-dessus, pour bien lier les deux ensemble, & l'on continue ainsi sur toute la longueur. On élève cette maçonnerie plus ou moins, suivant les besoins, & l'on pose les fondemens, sur lesquels on élève les murs à l'ordinaire.

Une semblable maçonnerie, faite avec de bonne chaux, dit Bélidor, est la plus excellente & la plus commode, dispendieuse à la vérité ; mais, tout considéré, bien moins encore qu'en pierres de taille ou libages, toutes préférables qu'elles soient. Dans les pays où la pierre dure est rare, on en fait les soubassemens des gros murs, en corrigeant l'inégalité de ses paremens avec un mortier fin, composé de la meilleure chaux possible & de bon gravier ou sable, que l'on applique sur le bord intérieur des coffres. Ce mortier fin se liant avec celui du milieu, fait un parement uni, qui, avec le temps, devient aussi dur que la pierre, & fait le même effet. Si l'on juge à propos d'y figurer des joints, la méthode la plus ordinaire est d'appliquer ce même mortier après coup sur les murs, ce que l'on appelle *crépis*.

Des Fondemens sur la glaise.

La glaise, qui a la vertu de retenir les eaux au dessus & au dessous d'elle, est sujette à de grands inconvéniens en fondation. On ne sauroit s'appuyer dessus bien solidement, sans beaucoup de précautions. Avant donc que d'y asseoir des fondemens, il faut s'assurer de son épaisseur & de quelle qualité sont les terreins qui lui sont inférieurs. Si le bon fond se trouvoit éloigné en terre, & qu'il fallût trop fouiller pour l'atteindre,

---

(1) Un rouet est une forte & solide charpente d'assemblage, servant, en quelque sorte, de première assise aux puits, & sur laquelle sont appuyées toutes les autres assises en pierres.

il faudroit alors prendre le parti de fonder sur la glaife, mais fans la tourmenter, en pofant deffus & deniveau des grillages AA (*fig. 8 & 9*) avec plate-formes ou madriers BB de charpente, d'environ fix degrés d'empattement, arrêtés folidement de chevilles de fer, fur lefquels on élève enfuite les fondemens CC, affifes égales fur toute la furface, afin que le terrein puiffe s'affaiffer également.

Lorfque la glaife paroît sèche & ferme, on fe contente quelquefois de plate-formes ou forts madriers affemblés & croifés par d'autres en travers, arrêtés enfemble de chevilles de fer : mais alors il faut environner l'édifice d'un petit mur de maçonnerie, qui puiffe arrêter les eaux; fans quoi il eft à craindre que délayant peu à peu la glaife, elles ne faffent gliffer l'édifice, comme il eft arrivé à un corps de bâtiment fur les bords de la rivière, près la Machine de Marly. Voyez, à ce fujet, un Mémoire de M. Perronet, inféré dans un des Volumes de l'Académie des Sciences, année 17.....

Les grillages forment un affemblage de charpente, compofé de longrines DD & traverfines EE, garnies dans l'intérieur A, de briques, moëllons ou cailloux à bain de mortier, garnies quelquefois par-deffus de plate-formes ou madriers BB, arrêtés de chevilles de fer.

Il faut bien fe garder d'enfoncer des pilots dans la glaife : cette terre vifqueufe n'a pas la force de les agraffer; de forte qu'ils fe défichent à mefure qu'on les enfonce. On a vu fouvent des pilots enfoncés très-avant dans les bancs de glaife, s'élancer en l'air avec violence, tandis que l'on en fichoit d'autres à une extrémité oppofée; ce qui annonce que cette matière incompreffible, fe trouvant forcée, preffe les pilots de fortir : l'air & l'eau qui s'y trouvent comprimés, peuvent auffi contribuer à les défiches.

Des Fondemens fur le fable.

Le fable eft de deux efpèces; l'un, qui eft le fable ferme, eft fans contredit le plus folide, & celui fur lequel on peut fonder fûrement : l'autre, qui eft le fable bouillant ou mobile, eft celui fur lequel on ne peut fonder, le plus fouvent, fans beaucoup de précautions. Lorfqu'il eft peu bouillant, il fuffit de pratiquer un radier ou maffif général, de trois ou quatre pieds d'épaiffeur, qui pour lors forme un fond fur lequel on peut bâtir folidement : mais lorfqu'il eft fort bouillant, il faut premièrement amaffer le plus près poffible tous les matériaux néceffaires; deuxièmement, n'entreprendre de fouille que ce qu'on peut en remplir en un jour; troifièmement, pofer fur le bon fond, & promptement, un grillage de charpente, enfuite une affife de gros libages, & d'autres par-deffus en liaifon avec mortiers, prenant bien garde de creufer autour de la maçonnerie, de peur d'attirer l'eau en donnant du jour aux fources. Si les premières affifes paroiffent tant foit peu chancelantes, il ne faut point s'effrayer; la maçonnerie bien liée & garnie de mortier prendra bonne confiftance, & on la verra s'af-fermir autant que fi elle eût été fur un fond bien folide. On peut voir une ingénieufe méthode de fonder fur un pareil fable, décrite par feu M. de Regmorte le cadet; méthode dont il s'eft fervi dans la conftruction du nouveau pont de Moulins.

Il y a en Flandres & loin aux environs, un terrein tourbeux, qui, lorfqu'on y fouille, donne une quantité d'eau fi abondante, qu'on ne peut y fonder fans beaucoup de dépenfe pour les épuifemens. Il faut, avant tout, le fonder, pour s'affurer de la qualité du fond, & fur-tout un peu éloigné de l'endroit où l'on veut bâtir, afin que les fources, éventées, ne puiffent inonder les ouvrages. Après beaucoup de tentatives fur une manière de bien fonder dans ce terrein, on a enfin imaginé, & c'eft le meilleur parti, de creufer & de conftruire hardiment la maçonnerie le mieux poffible & avec les meilleurs matériaux. Ces fortes de fondemens s'affermiffent peu à peu, & ne courent aucuns dangers. Si la maçonnerie de pierrée avoit lieu, dit Bélidor, ce devroit être en cette circonftance; car étant d'une prompte exécution, & faifant bonne liaifon, elle forme un maffif fur lequel on peut fonder avec confiance.

Une autre manière de fonder fur un terrein fourceux & fujet aux éboulemens, eft celle appelée *parcoffre* (*fig. 10*). On fait des tranchées d'environ cinq pieds de longueur, & qui ont de largeur l'épaiffeur des murs; on pofe le long des terres AA de forts madriers BB, retenus de diftance à autres d'étréfillons CC & barres DD, & on remplit l'intervalle de bonne maçonnerie. On continue de même tant qu'il y a des fources, que quelquesuns prétendent arrêter ou détourner, avec de la chaux vive fortant du four, mêlée de moëllons, pierres & mortiers. La maçonnerie ayant pris confiftance, on lève les madriers pour s'en fervir ailleurs, s'ils ne bouchent point les fources; fans quoi il feroit néceffaire de les laiffer en place.

Des Fondemens dans l'eau.

Ces fondemens fe font ou par épuifement, ou fans épuifement.

Dans le premier cas, on environne le terrein où l'on veut fonder, de deux doubles rangs de pieux AA (*fig. 11*), garnis de madriers BB, retenus de liens CC; on remplit l'intervalle D de glaife, ou autre terre graffe, que l'on foule de manière à bien fermer les interftices, après quoi on fait l'épuifement, avec le fecours des machines hydrauliques, & on l'entretient pendant les conftructions, que l'on fait à fec, comme ailleurs. Cette manière de conftruire pendant les épuifemens, quoique facile, n'eft pas toujours fans inconvéniens, fur-tout lorfque l'on fouille profondément, comme on va le voir.

En 1750, lors de l'établiffement d'une Ecole Royale Militaire, on forma le projet d'un puits capable de fournir de l'eau en abondance, à l'imitation de celui de l'Hôtel des Invalides, dont les fources, venant du fond, font regardées comme intarissables. Ces deux puits, peu éloignés l'un de l'autre, sembloient aussi devoir différer bien peu dans leur construction. On se trompa ; car aux Invalides, la source du fond se trouva à soixante pieds de profondeur, & à l'Ecole Militaire à cent quarante pieds.

Pour la construction de ce dernier, on employa trois années entières, sans aucune interruption de jour ni de nuit. On commença par une excavation A (*Pl. VII, fig. 1*), de trente-six pieds de diamètre, dans laquelle on plaça une espèce de cuve BB en charpente avec madriers CC, bien assemblés & serrés, à dessein de la faire descendre, & de la remplacer par de semblables, à mesure qu'on avançoit la fouille. Mais tandis qu'on fouilloit, les terres extérieures s'ébouloient, & pressant inégalement la cuve, en retenoient une partie, tandis que l'autre descendoit. On établit alors un fort mouton, pour faire descendre la partie retenue ; mais inutilement. On continua la fouille jusqu'à trente-quatre pieds, & l'on plaça dans l'intérieur une semblable cuve DD, mais plus petite. Peu après parut la nape d'eau, qu'on épuisa, & ensuite un banc de glaise : mais plus on fouilloit, plus les eaux & les éboulis arrivoient en abondance. Les cuves demeuroient & se rompoient par la pression des terres, au point qu'on prit le parti de poser le rouet, d'élever dessus la maçonnerie EE, bien cramponnée, & faire descendre le tout, en fouillant dessous. Les premières assises firent d'abord pencher le niveau ; mais un peu d'art le redressa, & l'on continua de charger avec de nouvelles assises, & de fouiller, jusqu'à ce qu'enfin à quatre-vingts pieds de profondeur, sept ou huit de ces assises FF se détachèrent & descendirent, tandis que les autres, faisant environ soixante pieds de hauteur, demeuroient en l'air, évènement qui étonna : cependant on rejoignit les deux maçonneries EE & FF avec d'autres assises, & l'on moësa le tout avec un assemblage de forte charpente GG. L'opération finie, on fouilla de nouveau, & tout descendit de quelques pieds, pour rester en l'air, comme auparavant. Pendant ce temps-là, les épuisemens se continuoient, mais à l'extérieur des fouilles, & fort peu dans l'intérieur, depuis qu'un banc de glaise de quatre-vingts pieds d'épaisseur, pressant l'extérieur de la maçonnerie, retenoit une partie des eaux de la surface de la terre. On se détermina donc à construire en sous-œuvre un autre puits HH, que l'on chargea aussi peu à peu de maçonnerie. Ce dernier descendit d'environ trente pieds, & demeura en l'air comme le précédent. Désespéré, l'on prit le parti de sonder. La sonde rapporta des terres de différente nature que celles qu'on avoit vues jusqu'alors, & qui annonçoient des sources prochaines. On reprit courage, & l'on fouilla, retenant pour lors les terres avec un exagone II de palplanches couchées & assemblées par les extrémités, que l'on posoit à mesure. On descendit ainsi environ vingt-quatre pieds, & l'on découvrit enfin le sable bouillant qui contenoit les sources. On détacha promptement toutes les machines, laissant flotter les bois ;

& les eaux du fond, réunies à celles de la terre, remontant à leur niveau naturel, laissèrent dans ce puits une profondeur d'eau d'environ cent dix pieds.

Le deuxième cas a lieu dans les bras de mer, lacs, étangs, & dans tous les lieux où les épuisemens deviendroient trop dispendieux ou impraticables.

Pour sonder en mer, on prend le temps de la marée basse, pendant lequel on unit le terrein, on plante les repairs & les alignemens. On emplit ensuite plusieurs bateaux des matériaux nécessaires, que l'on approche pendant la marée haute ; &, par un temps commode, on jette où l'on veut bâtir, des moëllons, pierres ou cailloux les plus gros, sur les bords, avec le meilleur mortier possible, dont on fait plusieurs lits de loin & de son mieux. L'on comprend pour ce massif AA (*fig. 2*) plus d'emplacement que l'édifice n'en peut contenir, afin qu'autour des murs il y ait un empattement assez grand pour en assurer le pied, auquel on donne un talut d'une fois & demie ou deux fois la hauteur : on l'environne quelquefois de pieux BB, pour le préserver des dégradations qui pourroient arriver dans la suite, & l'on travaille ainsi par reprises, sans qu'il puisse en résulter aucun danger. La maçonnerie une fois élevée au dessus des eaux, tasse & prend consistance ; après quoi on pose un grillage de charpente, sur lequel on bâtit, comme nous l'avons vu.

La ville de Marsale, en Lorraine, située au milieu d'un marais très-spongieux, a été bâtie par les Romains, sur un massif de briquetage d'environ sept à huit pieds d'épaisseur. Ce massif a pris une telle consistance, qu'on prétend dans le pays qu'il ne forme plus qu'une seule voûte, dont le dessous n'a point de fond. Au dessus de cette ville est l'étang de l'Yndre, au milieu duquel est un pareil massif, qui a servi aux fondemens d'une ancienne ville qu'on appeloit *Tarquinpole*, & qui n'est plus actuellement qu'un vieux château ruiné ; & au dessous la ville de Moyenvic, bâtie aussi sur un pareil massif.

La manière de fonder dans les lacs & les étangs, est par cailloux (*fig. 3*), dont le fond en charpente est couvert de madriers bien calfatés, & les bords garnis de manière que les eaux ne puissent s'y introduire. Leur hauteur doit excéder la profondeur des eaux où ils doivent être placés, à laquelle on ajoute au besoin des hausses, afin que les ouvriers n'en soient point incommodés. Si le fond est en pente, on le redresse, en jetant çà & là, & presque à l'aventure, une quantité de cailloux & pierres, jusqu'à ce que le terrein se trouve à peu près de niveau. On arrange ensuite les cailloux AA (*fig. 4, 5 & 6*), on les fixe d'alignement, & on les remplit de bonne maçonnerie BB. A mesure que l'ouvrage avance, son propre poids le fait descendre & prendre assiette au fond de l'eau. Cette manière de fonder est très-solide, & d'un grand usage sur les bords de la mer & aux environs.

Des

Des Fondemens sur pilotis.

L'usage des pilotis est d'un grand secours dans les terreins peu solides, & qui deviennent de plus en plus mauvais à mesure qu'on les fouille. En ce cas, on creuse le moins possible, & l'on pose sur le fond un grillage de charpente A A (*fig.* 7 & 8), couvert de madriers B B, retenus au pourtour de pilots de bordage C C, appelés *heurtoirs*, dont les intervalles sont quelquefois garnis de palplanches, pour empêcher le courant des eaux de dégrader la maçonnerie, avec d'autres semblables D D, appelés *pilots de remplage*, placés dans l'intérieur ; les uns & les autres enfoncés en terre au refus du mouton, pour empêcher le pied de la fondation de glisser, comme il est arrivé quelquefois, & singulièrement à Berg-Saint-Vinox, dit Bélidor, où une grande partie du revêtement de face d'une demi-lune, s'étant détachée, a glissé d'une seule pièce jusqu'au milieu du fossé.

La meilleure manière de fonder sur pilotis, est de poser le grillage sur plusieurs rangs de pilots en échiquier, enfoncés au refus du mouton, & tous récepés de niveau, arrêtés dessus de fortes chevilles de fer, environnés de pilots de bordages & palplanches, & garnis de maçonnerie dans tous les vides intérieurs, sur lequel on élève les fondemens à l'ordinaire. Jusqu'à présent on a toujours employé cette méthode dans la construction des piles de ponts, avec le secours des batardeaux & des épuisemens, qui font une des plus fortes parties de la dépense. On a cherché, à la vérité, à l'éviter, en fondant par caissons ; mais la difficulté étoit de scier les pieux de niveau au fond de l'eau. M. Bélidor fit à ce sujet quelques tentatives infructueuses. M. de Vogli, Ingénieur des Ponts & Chaussées, fit de nouvelles découvertes plus heureuses, & les perfectionna. M. Perronnet, premier Ingénieur, Artiste sûr, en connut tout le prix, & les mit au jour. L'essai en grand a réussi parfaitement, & l'usage qu'on en fait actuellement dans la construction des ponts, prouve tous les jours le succès de l'invention & son utilité, que nous devons à ces deux grands Artistes.

Si les pilots tendent à affermir toutes sortes de mauvais terreins, ils font quelquefois très-dangereux dans des lieux aquatiques & spongieux, en ce qu'ils éventent les sources, ébranlent le terrein, & le rendent souvent plus mauvais qu'auparavant. On en a vu quelquefois qui, ayant été enfoncés la veille au refus du mouton, se sont trouvés défichés le lendemain par la force des sources.

Palladio recommande de faire les pilots en chêne, de leur donner la huitième partie de la hauteur des murs élevés dessus, & en grosseur la douzième partie de leur longueur, jusqu'à douze pieds, & seulement treize à quatorze pouces pour les longueurs au delà, afin d'éviter les gros calibres ; d'en brûler la pointe & la tête, pour les endurcir ; de les frapper ensuite à petits coups redoublés, pour éviter, dit-il, d'ébranler le fond, & enfin de les éloigner l'un de l'autre d'un diamètre au moins,

& de deux au plus. Vitruve conseille de les faire en bois d'aune, d'olivier ou de chêne, &, lorsqu'ils font fichés, de remplir les vides & les intervalles des grillages avec les crasses des charbons de terre & de bois, ou mieux encore de pierres & cailloux à bain de mortier.

La longueur des pilots doit être fixée suivant l'éloignement du bon fond ; l'expérience seule peut la déterminer. Pour s'en convaincre, on en chasse un exprès, dont on a mesuré exactement la longueur, jusqu'à ce que le terrein fasse résistance ; & sachant de combien il est enfoncé, on peut fixer la longueur des autres, & leur grosseur à proportion. Leur extrémité inférieure doit être en pointe de diamant, longue d'une fois & demie ou deux fois leur grosseur, ni plus ni moins ; car, d'un côté, cette pointe étant trop foible, s'émousse à la moindre partie dure qu'elle rencontre ; & de l'autre, on a de la peine à faire entrer les pilots en terre. Il arrive souvent qu'on arme cette même pointe A (*fig.* 9) d'une lardoire ou sabot en fer (*fig.* 10), à trois ou quatre branches, pour en faciliter l'entrée, & leur tête B d'une forte frette (*fig.* 11), pour l'empêcher d'éclater. Ces pilots doivent être plantés en ligne droite, retournée suivant la maçonnerie, & espacés de trois en trois pieds de milieu en milieu.

Les pilots de bordage A A (*fig.* 12) doivent être garnis entre eux de palplanches ou madriers appointés par le bas, quelquefois serrés aussi d'une lardoire, & enfoncés au refus du mouton. Ces pilots ont souvent des rainures A A de chaque côté de l'épaisseur des palplanches (*fig.* 14), entre lesquelles on les fait entrer à force, pour maintenir le tout ensemble.

Des Murs en élévation.

Si les murs en fondation exigent tant de précautions, ceux en élévation en exigent aussi beaucoup, pour parvenir à l'entière perfection des uns & des autres réunis, & concourir ensemble à la sûreté des édifices : tels font fermes & solides, parce qu'ils font peu élevés & peu chargés, qui s'écrouleroient s'ils l'étoient davantage ; tels autres font trop dispendieux & trop forts, n'ayant rien à porter. Leur solidité, en général, dépend de la qualité des matériaux que l'on emploie, & plus encore de la manière de les employer & de les placer à propos. On ne doit donc rien négliger à ce sujet, & tendre au succès de ses entreprises par les combinaisons les mieux réfléchies.

Plusieurs choses font indispensables en élevant les murs ; 1°. que les premières assises au rez de chaussée soient en pierres dures, même jusqu'à une certaine hauteur, si l'édifice est élevé. L'humidité n'ayant point d'action sur la qualité dure de la pierre, le pied de l'édifice en sera préservé, & en soutiendra plus aisément le poids. 2°. Que toutes les pierres soient posées sur leurs lits, c'est-à-dire, dans la même situation qu'elles étoient dans la carrière ; ce qui se connoît par une suite de veines de même espèce, qui se continuent à peu près

D

parallélement, & qui étoient placées horizontalement. Sans cette précaution, les pierres n'ont point
de force, & sont très-sujettes à s'éclater. 3°. Que
celles qui sont sur un même rang d'assises, soient
de même qualité & du pareil banc de carrière, s'il
est possible, afin que le poids supérieur, chargeant
également sur toute la surface, trouve aussi une
résistance égale sur la partie inférieure. 4°. Que
toutes les pierres, moëllons, briques ou autres matériaux soient bien liés ensemble & de niveau.
5°. Lorsqu'on emploie le plâtre, de laisser des intervalles A A (PL VIII, *fig.* 1 & 2) entre les arrachemens & les harpes (1) des chaînes B B, afin
qu'étant sujet à renfler & pousser les premiers jours,
il puisse faire son effet librement ; intervalle que
l'on remplit lors du ravalement. 6°. Enfin, lorsque
l'on craint un affaissement par la surcharge des
murs d'une très-grande élévation, ou par le poids
des planchers & voûtes qu'ils doivent porter, il est
bon & même nécessaire de construire des arcades
ou décharges CC(*fig.* 1), appuyées sur des chaînes
solides B B. Les Anciens, au lieu d'arcades, qu'ils
n'avoient pas l'art d'appareiller, employoient de
longues & fortes pièces de bois d'olivier CC (*fig.* 2),
qu'ils posoient sur la longueur des murs, ce bois
ayant seul la vertu de s'unir avec le plâtre ou le
mortier, sans se pourrir. Les murs en élévation
sont de trois espèces ; les murs de face, les murs
de refend, & les murs de clôture.

Des Murs de face.

Ces murs, qui font face sur les rues, cours &
jardins, sont percés au rez de chaussée, de portes,
croisées ou autres ouvertures, pour faciliter les
communications extérieures & intérieures, & dans
les étages supérieurs, seulement de croisées, pour
procurer du jour aux appartemens. On les construit
le plus souvent en pierres, mais quelquefois en
moëllons recouverts de plâtre. Ces derniers, peu
solides, mais aussi peu couteux, sont destinés aux
bâtimens de peu d'importance.

La beauté de l'appareil étant une des choses les
plus essentielles dans la construction des murs de
face, il est mieux de faire en sorte, 1°. que toutes
les assises soient d'égale hauteur, ce qu'on appelle à
assises égales; 2°. que les joints extérieurs soient le plus
serrés possible, à quoi les Anciens étoient fort
attentifs ; car, comme on l'a vu, lorsqu'ils appa-
reilloient leurs pierres, ils les assembloient sans
mortier, avec une si grande justesse, que les joints
étoient presque imperceptibles, & leur poids seul
étoit suffisant pour les rendre fermes. Il est dange-
reux de faire des joints trop serrés ou trop larges :
les uns ont leurs arêtes sujettes à s'éclater, lorsque
les pierres viennent à se toucher ; les autres sont
non seulement désagréables à la vue, mais même
facilitent un plus grand tassement, qui contribue à
ébranler le bâtiment. L'épaisseur ordinaire est celle

d'une latte A A (*fig.* 3) d'environ une ligne &
demie ou deux lignes au plus, que l'on place aux
angles & aux milieux, ou une lame de plomb de
pareille épaisseur A A (*fig.* 4 & 5), comme on faisoit autrefois dans les anciens bâtimens, & comme
on a fait au Louvre, aux Châteaux de Clagny, de
Maisons, & ailleurs; 3°. de laisser les paremens extérieurs un peu forts, pour avoir de quoi retondre
& dresser lors du ravalement. On prétend que les
Anciens laissoient un pouce de plus, ce qui paroît
hors de vraisemblance, par la description des anciens ouvrages dont l'Histoire fait mention.

L'épaisseur des murs de face diffère suivant leur
hauteur : la plus commune est depuis dix-huit
pouces jusqu'à trois pieds, quatre à cinq pieds
pour les édifices d'importance, & souvent au delà
pour les monumens publics; mais toujours pro-
portionnément aux charges qu'ils ont à porter, &
à la grandeur & quantité des vides qui y sont pratiqués. Leur hauteur varie aussi suivant les espèces
de bâtimens : ceux destinés aux habitations, ont
environ huit à dix toises au plus, observant à l'extérieur A (*fig.* 6) un talut ou retraite B B d'environ
six lignes par toise, & l'intérieur C C à plomb;
ou, s'il est aussi en retraite, il faut faire en sorte
que son axe D (*fig.* 7) soit à plomb de celui des
murs de fondation E. Les angles doivent être ren-
forcis, à cause de la poussée des voûtes & arcades,
de la butée des plate-bandes, du poids des planchers & croupes de combles ; espèce d'irrégularité
que l'on corrige extérieurement par des avant-corps
faisant partie de l'ordonnance, & intérieurement
par des revêtissemens de lambris.

Des Murs de refend.

Ces murs, ainsi appelés parce qu'ils refendent en
quelque sorte les bâtimens en plusieurs parties, les
séparent en effet de manière à former plusieurs
pièces dans les appartemens. Leur objet principal
est, 1°. de joindre ensemble les murs de face, & de
leur donner de la liaison, afin qu'étant réunis, &,
pour ainsi dire, groupés, ils puissent concourir à se
soutenir mutuellement; 2°. d'avoir plus de force
& de solidité que tout autre pour porter les plate-
bandes, voûtes & planchers; 3°. de contenir toutes
les ouvertures de communication des appartemens
de chaque étage, ainsi que tous les tuyaux de cheminée, qu'il n'est pas permis, & qu'on ne peut
même sans danger incruster ni adosser à des sépara-
tions d'une autre espèce.

Leur épaisseur peut différer comme aux précédens, suivant leur hauteur ; mais l'ordinaire est
depuis quinze jusqu'à dix-huit & vingt pouces, &
jusqu'à vingt-quatre dans les grands édifices, sur
la hauteur totale. On les construit en pierres ou
moëllons, avec mortier ou plâtre, dans les grands
édifices, mais seulement en moëllons avec mortier
ou plâtre, dans la plupart des autres, observant de

---

(1) Les harpes sont des parties plus saillantes les unes que les autres, destinées à faire liaison.

pratiquer dans leur épaisseur des chaînes ou pié-droits en pierre, sous la portée des voûtes, pou-tres, solives, sablieres, ou dans les parties qui doi-vent être affoiblies par des ouvertures.

Des Murs de clôture.

Ces murs, qui en effet servent à clorre les cours, basse-cours, jardins, parcs, ou autres emplacemens quelconques, n'ont à porter que leur propre poids. Les uns sont faits en moëllons ou pierrailles, avec mortier de chaux & sable, quelquefois entremêlés de chaînes de pierres A A (*fig.* 8), qui les rendent plus solides; les autres sont faits aussi en moëllons ou en pierrailles, mais avec mortier de terre, quel-quefois entremêlés de chaînes de pareils moëllons, avec mortier de chaux & sable. Ces chaînes, pla-cées ordinairement de douze en douze pieds, ser-vent à les entretenir fermes, sans quoi ils sont sujets à se détruire promptement, principalement lorsque les moëllons ont peu de liaison. On ob-serve, autant qu'il est possible, d'employer les plus dures à leur pied, pour le préserver des humidités de la terre, réservant les plus tendres pour le haut. On couvre le sommet de ces murs d'un chaperon en moëllons mêlés de mortier ou plâtre, ou, ce qui est beaucoup mieux & plus solide, en dales de pierre dure, à un égout (*fig.* 9), à deux égouts (*fig.* 10), rondes (*fig.* 11), courbes (*fig.* 12), ou plates (*fig.* 13), bien jointes avec un mastic fait de limaille de fer & d'eau-forte.

Des Murs mitoyens.

Les murs de refend & de clôture, depuis le pied de leur fondation jusqu'à leur sommet, sont de propriété unique ou de propriété commune : les uns sont faits à un seul propriétaire, & se font à ses frais : alors il est obligé d'en faire égoutter toutes les eaux sur sa propriété, & conséquemment d'en faire les chaperons à un seul égout (*fig.* 9) de son côté, le voisin ne devant souffrir aucune incommodité d'un mur auquel il n'a point de part, sinon celles qu'il occasionne pendant sa construc-tion : les autres appartiennent en commun à deux ou plusieurs propriétaires, suivant les conventions d'acquisition ou de partages entre les cohéritiers, & se font à frais communs dans le temps de leurs constructions : alors on en fait les chaperons (*fig.* 10) de manière à pouvoir égoutter les eaux également sur les propriétés.

Des Murs de terrasse.

Une autre espèce de murs qui exige bien des précautions, sont ceux destinés à retenir les terres : ces murs, différens des précédents en ce qu'ils n'ont qu'un parement visible, se font de deux manières; les uns, qui ont peu d'épaisseur (*fig.* 14 & 15, 16 & 17, & *Pl.* IX, *fig.* 1 & 2, 3 & 4), sont en récompense fortifiés par des éperons ou contre-forts A A, B C D, & sont beaucoup moins dispen-dieux. Les Anciens plaçoient ces contre-forts en dehors A A, ou en dedans B C D, droits A A D,

circulaires B, & à angle aigu C, ou autres formes, suivant les différens systèmes qu'ils adoptoient.

Leur épaisseur, dit Vitruve, doit être relative à la poussée des terres, les contre-forts qu'on y ajoute ne devant servir qu'à les fortifier : ils doi-vent être, dit-il, d'autant plus forts, que les terres poussent plus en hiver qu'en été, étant alors hu-mectées des pluies, neiges & autres intempéries de cette saison. On les fait ordinairement à plomb du côté des terres E, & en talut du côté opposé F; quelquefois à plomb des deux côtés, mais en leur donnant plus d'épaisseur, ou en plaçant extérieu-rement ou intérieurement des contre-forts aussi en talut. Plusieurs donnent à leur sommet la sixième partie de leur hauteur, & de talut la septième & quelquefois la huitième.

Vitruve donne aux contre-forts pour épaisseur, saillie & distance de l'un à l'autre, l'épaisseur du mur, & pour empattement, sa hauteur. En général, l'épaisseur de ces murs ne peut être constante, & doit varier suivant la quantité & la qualité des terres contre lesquelles ils sont appuyés.

Lorsque l'on veut supprimer les contre-forts, & que les murs doivent soutenir des terres ou sables rapportés, dont le poids du pied cube soit à celui d'un pareil volume de maçonnerie, comme trois à quatre, leur épaisseur au dessus des retraites de la fondation doit être au moins du tiers de sa hauteur, & le talut du parement d'un pouce par pied.

Observation.

Avant que de construire les terrasses, il faut en élever les murs avec les épaisseurs & talus conve-nables; on fait ensuite plusieurs tas des terres, suivant leur qualité; on les apporte, & on remplit l'intervalle entre le mur & le terrein, par lits de niveau, mais inclinés vers le terrein, en commen-çant par celles qui poussent le plus, réservant les autres pour les dernières; précaution qu'il faut prendre pour éviter l'inégalité des poussées. On les affermit & on les bat à mesure, continuant ainsi jusqu'au rez de chaussée.

Des Cloisons.

Les cloisons sont des espèces de murs qui, dans leurs vrais principes, n'en sont pas, mais qu'on appelle ainsi, parce qu'ils ont la même destination que les autres. Il en est de deux sortes; les unes, qu'on appelle *cloisons de face*, sont celles qui, comme les murs de face, sont tournées du côté des rues, cours & jardins, & percées comme eux de semblables ouvertures; les autres, qu'on appelle *cloisons de refend*, sont celles qui, comme les murs de refend, portent une partie des planchers, sé-parent les pièces des appartemens, & contiennent les ouvertures de communication seulement; les unes & les autres (*Pl.* XVI, *fig.* 1 & 2) élevées à deux ou trois pieds du sol, hors des humidités de la terre, sur des sarpins G G de pierre dure, ap-puyés sur des murs H H bien fondés, sont cons-truites en bois de charpente d'assemblage A B C, lattés, hourdés, & quelquefois enduits d'environ six, huit & dix pouces d'épaisseur sur toute la hauteur des bâtimens, jufqu'au faîte, ce qu'on appelle pour lors cloifon de fond, montant de fond, ou portant de fond.

Il y a encore des efpèces de cloifons de refend très-légères (*fig. 5 & 6*), deftinées feulement aux féparations des pièces & aux ouvertures de communication : on les conftruit en planches, lattées, hourdées, & enduites par-deffus d'environ trois ou quatre pouces d'épaiffeur, fur la hauteur de chacune des pièces qui les contient. Ces cloifons ne montent jamais de fond, & font, le plus fouvent, en porte à faux fur les planchers ; mais comme elles font très-légères, elles ne peuvent, en aucune façon, en altérer la folidité.

On fait auffi, en quelques endroits, des cloifons en briques, pofées de champ en liaifon, & enduites des deux côtés, mais qui ont fort peu de folidité, fi elles ne font pas doublées, c'eft-à-dire, faites de deux briques d'épaiffeur, ou mieux d'une feule brique pofée de plat. Ces fortes de cloifons font, à la vérité, difpendieufes, mais auffi ne font point, comme les autres, expofées aux dangers du feu.

Des Ravalemens.

Les ravalemens font une dernière façon que l'on donne aux murs élevés, pour en approprier les faces & les rendre plus agréables à la vue. Les Anciens, dit Vitruve, laiffoient un pouce de plus à la furface des murs, pour avoir de quoi retondre lors du ravalement ; ce qui devoit être trop confidérable, & faire un trop grand déchet dans la bâtiffe. On fe contente de laiffer deux ou trois lignes au plus, ce qui eft très-fuffifant.

Ces ravalemens fe font à paremens apparens ou à paremens recouverts, chacun façonné de diverfes manières ; les uns, lorfque les murs font en pierre, ont leurs paremens taillés après coup, & dreffés à la règle, & leurs joints bien garnis, ce qu'on appelle jointoyés, ou marqués fenfiblement pour en faire voir la coupe des pierres, ce qu'on appelle beauté d'appareil. Lorfque les murs font en moëllons, les paremens font bruts, c'eft-à-dire que les pierres font employées comme elles arrivent de la carrière, ruftiquées, c'eft-à-dire, équarries & taillées groffièrement au marteau ; ou enfin piqués, c'eft-à-dire, équarries & piquées proprement à la pointe du marteau : les autres font ceux dont les murs font crépis, gobetés ou enduits : de ce nombre font ceux à paremens bruts, ainfi que les planchers & cloifons hourdés.

Les murs crépis font ceux que l'on couvre de mortier ou plâtre liquide paffé au panier, appliquant ce dernier avec un balai de bouleau. Les murs gobetés font ceux que l'on couvre de plâtre paffé au panier, & fur lequel on paffe la main pour l'unir. Les murs enduits font ceux que l'on couvre de plâtre paffé au fas, & fur lequel on paffe la truelle, & enfuite le fer bretellé.

Des Renformis & Lancis.

Lorfqu'il arrive des dégradations dans les vieux murs, & qu'on eft obligé de les réparer, ou que l'on juge à propos d'y percer des ouvertures, alors on y remet de nouvelles pierres & moëllons où il en manque ; on en place de bonnes au lieu de mauvaifes, ce qu'on appelle *lancis* ; on redreffe les murs que le temps a fait fléchir ou tourmenter, ce qu'on appelle *renformis* ; on ajoute aux uns & aux autres des gobetages crépis ou enduits, fuivant les circonftances.

De la Pierre.

De tous les matériaux qui concourent à l'édification des bâtimens, la pierre tient, fans contredit, le premier rang : cette matière, dure & ferme, facile à tailler, porte des fardeaux immenfes, & réfifte à la gelée & autres injures de l'air ; elle eft très-abondante en certains cantons, & d'une fi grande utilité avec le fecours de l'Art du Trait, qu'elle eft devenue en quelque forte indifpenfable.

Avant les découvertes fur la coupe des pierres, on ne pouvoit s'affurer de la pouffée des terres & de l'effort des voûtes, ni de la réfiftance des murs & contre-forts qui les foutenoient ; mille difficultés imprévues furvenoient pendant l'exécution des ouvrages ; on détruifoit pour conftruire enfuite, fouvent à plufieurs fois, ce qui rendoit les édifices très-difpendieux & moins folides : l'immenfité des poids d'ailleurs qu'il falloit transporter, un travail lent & pénible, un déchet confidérable, autant de confidérations, qui, aidées de l'Art du Trait, firent préférer l'union de plufieurs pierres plus faciles à mettre en œuvre, & abandonner la méthode des Anciens, de faire des colonnes, architraves, plate-bandes, &c. d'une feule pièce. C'eft donc à cet Art que nous devons la légèreté des édifices, & la facilité de les exécuter, inconnue jufqu'alors à nos prédéceffeurs ; Art qui a été pouffé très-loin & avec témérité par les Goths, dont le principal but étoit de s'attirer des admirateurs. Malgré nos découvertes, nous fommes devenus plus modérés ; nous n'en faifons ufage que dans des cas indifpenfables & relatifs à l'économie ou à la diftribution, les préceptes de l'Art n'infinuant point une fingularité préfomptueufe, & l'air de folidité étant préférable. On diftingue ordinairement de deux fortes de pierres, l'une dure & l'autre tendre ; la première, fans contredit la meilleure, a fes pores plus refferrés, & lutte plus aifément contre les injures du temps & le courant des eaux, mais réfifte fouvent moins à la gelée, qui la fend & la détruit.

En général, toutes les parties qui compofent la pierre, contiennent une infinité de pores remplis d'eau, qui, venant à s'enfler par la gelée, font effort pour remplir plus d'efpace ; & la pierre, ne pouvant réfifter, fe fend & tombe par éclats : ainfi, plus elle eft compofée de parties graffes & argileufes, plus elle doit avoir d'humidité & être

fujette

sujette à la gelée; raison pour laquelle on ne la tire des carrières que pendant l'été.

La pierre a trois dénominations, suivant sa grosseur; la première, qui est la pierre de taille, ou à la voie (1), mesurée au pied cube, est la plus pleine, la plus belle & la meilleure de toutes. On la distingue en quartiers, lorsqu'il n'y a qu'un seul bloc à la voie, ou en carreaux, lorsqu'il y en a deux ou trois; la deuxième est le libage, blocs de pierres rustiques & mal faits, de quatre, cinq, six & quelquefois sept à la voie, mesurés aussi au pied cube, que l'on ne peut équarrir que grossièrement, provenant le plus souvent du ciel des carrières ou de bancs minces, durs, sujets aux moyes, aux fils & à la gelée, ou de celles qui ont été coupées, ou enfin de démolitions.

La troisième, qui est le moëllon, du latin *mollis*, que Vitruve appelle *cæmentum*, mesuré à toise cube, n'est autre chose que l'éclat des pierres, & conséquemment la partie la plus tendre, provenant souvent de bancs minces, graveleux, coquilleux, remplis de moyes & fils.

Des Carrières.

Les carrières (*fig.* 7, 8, 9 & 10) sont des lieux sous terre qui contiennent des masses de pierre A A, B B, C C, D D, qu'un long espace de temps y a formées. Ces masses, dont les dimensions varient, suivant les lieux, depuis six jusqu'à vingt-cinq pieds d'épaisseur, sont composées de plusieurs bancs: les plus élevés A A, trop durs, servent de ciel; les plus bas C C, trop tendres, servent de planchers, & les intermédiaires B B, sont ceux dont on fait usage, les uns pour la pierre, & les autres pour le moëllon: du nombre de ces derniers bancs, il s'en trouve quelquefois d'inutiles, à cause de leurs mauvaises qualités. Les uns & les autres sont séparés par des espèces de joints qu'on appelle *filières*, & portent depuis six jusqu'à cinquante & quelquefois soixante pouces de hauteur; les plus grands volumes, qui ont jusqu'à huit toises de surface, sont rares: on les coupe, pour éviter la difficulté du transport.

On tire la pierre de ces lieux souterrains par des ouvertures de plain-pied, ou en forme de puits: les unes, qu'on appelle *carrières découvertes*, avantageuses lorsqu'il y a plusieurs bancs de bonne qualité, sont peu enfoncées, ce qui fait qu'on en déblaye les terres sans engins (2), & les voitures arrivant jusqu'à leur embouchure, les enlèvent avec facilité: les autres, qu'on appelle *carrières à puits* (*fig.* 7, 8, 9 & 10), sont percées en forme de puits E E d'environ douze pieds de diametre, & enfoncées en terre jusqu'à quatre-vingts ou cent pieds de profondeur. On y descend par des échelles F F, dites *échelles de carrières*, & l'on en tire la

pierre avec des grandes roues G G, posées sur leurs formes H H, où les voitures viennent l'enlever.

A mesure que l'on fouille ces lieux souterrains, l'on a soin de pratiquer, ou de laisser de distance en distance, & où il en est besoin, des piliers I I de bonnes pierres, pour supporter le ciel & les terres qui sont dessus. On remplit les intervalles K K des déblais, réservant des espèces de rues L L pour le passage des blocs de pierre jusqu'à l'ouverture E E. L'art de supporter en l'air le ciel des carrières, fait le principal mérite du Carrier, & exige de lui les plus grandes précautions pour la sûreté des travailleurs. On voit ces ciels s'affaisser de jour en jour par le poids immense qu'ils supportent, écrouler & engloutir quelquefois les ouvriers; de sorte que ces malheureux, n'ayant plus d'issues, meurent comme enragés, après s'être mangés les uns les autres. On en a vu manger leurs chandelles, boire leur huile, & creuser leur fosse, pendant qu'on travailloit vigoureusement à une communication par la carrière voisine. Néanmoins on peut, avec les soins & les attentions convenables, éviter les dangers & prévenir les accidens.

Les carrières dont parle Vitruve, & qui sont aux environs de Rome, sont celles de Fidenne, de Pallienne & d'Albe, dont les pierres sont rouges & tendres: on s'en sert après les avoir tirées en été & laissé sécher pendant un an ou deux, afin que, suivant Palladio, celles qui ont résisté puissent être employées hors de terre, & les autres en fondation. Celles de Rora & d'Amiterne sont plus dures; celles de Tivoli résistent à la charge & aux rigueurs du temps, mais non au feu, qui les fait éclater; celles de la terre de labour sont rouges & noires; celles des environs de Venise se coupent à la scie, comme le bois; celles près du lac de Balsène, & dans le Gouvernement Statonique, sont rouges, comme celles d'Albe, mais fermes, & résistent à la gelée & au feu. On en voit, près de la ville de Férente, des anciens ouvrages en Sculpture & en ornemens très-délicats, encore entiers, malgré leur extrême vétusté.

De la pierre dure.

De toutes les pierres dures, la plus belle & la plus précieuse est celle de Liais: cette pierre fine & pleine reçoit facilement la taille des parties d'Architecture & de Sculpture, raison pour laquelle on en fait des chambranles de cheminée, pavés de terrasses, de vestibules, de salles à manger, échiffres (3) d'escaliers, rampes, balustres, entrelas (4), tablettes & appuis de croisées, bases & chapiteaux de colonnes, corniches, & toutes sortes de revêtissemens intérieurs où l'on veut éviter la dépense du marbre. Il en est de cinq espèces; la première, appelée *liais franc*, se tire du fauxbourg Saint-Jacques, derrière les Chartreux; son banc porte cinq

---

(1) Une voie de pierre est ce qui compose une voiture d'environ quarante pieds cubes, attelée de trois ou quatre chevaux.

(2) Les engins sont les instrumens propres à élever & transporter les fardeaux.

(3) Les échiffres sont les limons des escaliers, sur lesquels on chiffre les marches, ce qui leur en a fait donner le nom.

(4) Les entrelas sont des ornemens en plate-bandes ou moulures qui s'entre-coupent avec régularité.

E

à six pouces de hauteur, & sa couleur est un peu grise; la seconde, appelée *liais séraut*, se tire des mêmes carrières; son banc, plus dur que le précédent, porte huit à neuf pouces de hauteur; sa couleur est d'un gris cendré: la troisième, appelée *liais rose*, se tire de quelques carrières près Saint-Cloud; son banc porte six à sept pouces de hauteur; sa couleur est d'un blanc nuancé d'un rose très-pâle: cette pierre, ferme & pleine, reçoit un très-beau poli: la quatrième, appelée *liais franc de Saint-Leu*, se tire le long des côtes d'une montagne près Saint-Leu-sur-Oise: son banc porte cinq à six pouces de hauteur; sa couleur est d'un blanc tant soit peu jaunâtre: la cinquième, appelée *liais de Creteil*, se tire des plaines de Creteil, près Paris: son banc porte environ trente à trente-six pouces de hauteur; sa couleur est d'un gris foncé: cette pierre est très-dure, & sujette à des fils. Chaque pied cube revient à environ trente sous, rendu sur l'attelier à Paris.

La pierre dure la plus en usage dans les bâtimens, est celle qu'on appelle communément *pierre d'Arcueil*, mais qui n'a plus lieu depuis plusieurs années que les carrières en sont totalement épuisées: les qualités qu'elle avoit, d'être aussi dure à sa surface que dans son cœur, de résister aux fardeaux, aux humidités & à toutes les injures de l'air, la faisoit préférer dans les premières assises, & quelquefois en fondation: celle à laquelle on donne le même nom, se tire des plaines de Bagneux & de Montrouge, villages peu éloignés d'Arcueil. Les carrières qui la produisent ont trois bancs de bonne qualité: le premier, de haut appareil, porte dix-huit à vingt-quatre pouces d'épaisseur. La pierre, un moins parfaite que n'étoit celle d'Arcueil, est néanmoins de bonne qualité, pleine, ferme & solide. Le second, de bas appareil, porte douze à dix-huit pouces; la pierre, de même qualité que la précédente, est un peu plus dure. Le troisième, qu'on appelle *cliquart*, est un bas appareil de six à sept pouces d'épaisseur, plus blanc que les autres, assez semblable au liais, & employé aux mêmes usages: la pierre en est un peu grasse, & sujette à la gelée, raison pour laquelle on la tire pendant l'été. Chaque pied cube revient à environ vingt & vingt-quatre sous, rendu à Paris.

La pierre du fauxbourg Saint-Jacques, appelée *souchet*, tirée des carrières près des Chartreux, de quinze à vingt pouces d'épaisseur de banc, est un peu grise, assez ressemblante à celle d'Arcueil, mais trouée, poreuse, & peu solide: on s'en sert néanmoins dans les bâtimens de peu d'importance. De ces mêmes carrières l'on tire trois autres bancs, dont deux en liais, l'un de cinq à six pouces, & l'autre huit à neuf pouces de hauteur, dont la pierre est belle, blanche & pleine, & un troisième de lambourde, de dix-huit à vingt-quatre pouces de hauteur, dont la pierre, blanche, tendre & inégale, résiste néanmoins au fardeau. Chaque pied cube de souchet coute environ seize sous, rendu.

La pierre d'Arcueil actuelle, tirée des carrières près d'Arcueil, de dix-huit à vingt pouces de hauteur de banc, est assez belle & pleine, mais coquilleuse,

sujette aux moyes & aux fils: l'on en tire aussi une lambourde depuis dix-huit jusqu'à soixante pouces de hauteur de banc, qui se délite, parce qu'on ne sauroit l'employer de cette hauteur. Chaque pied cube coute dix-sept à dix-huit sous, rendu.

La pierre tirée des carrières près de l'Observatoire, de dix-huit à vingt-deux pouces de hauteur de banc, est un peu grise & sujette à la gelée, mais pleine & dure, à cause d'une infinité de cailloux dont elle est composée. Le pied cube coute dix-huit sous, rendu.

La pierre du fauxbourg Saint-Germain & de Vaugirard, tirée des carrières près de ce village, de dix-huit à vingt-un pouces de banc, est dure, grise, poreuse, pleine de fils, sujette à la gelée: on la réserve pour les fondations & les bâtimens de peu d'importance. Le pied cube coute seize sous, rendu.

Toutes ces carrières sont à puits, & enfoncées en terre d'environ soixante pieds; leur masse contient à peu près dix à douze pieds d'épaisseur, & leur souille environ six à sept pieds de hauteur.

La pierre de Passi, tirée des carrières derrière le village, a deux ou trois pieds de hauteur de banc; elle est pleine & bonne à l'eau, mais très-dure & sujette aux fils. Les carrières qui la produisent sont découvertes; leur masse contient à peu près quinze à dix-huit pieds d'épaisseur, & leur souille huit à neuf pieds de hauteur. Le pied cube coute dix-huit sous, rendu.

La pierre de Chaillot, tirée des carrières derrière le village, assez près de celui de Passi, de vingt à trente pouces de hauteur de banc, est fort bonne, mais coquilleuse, inégale, sujette aux fils & à la gelée. Les carrières qui la produisent sont à puits, d'environ quarante-cinq à cinquante pieds de profondeur: leur masse contient à peu près vingt-cinq pieds d'épaisseur, & leur souille à peu près douze à quinze pieds de hauteur. Le pied cube dix-sept à dix-huit sous, rendu.

La pierre du fauxbourg Saint-Marceau & d'Ivry, tirée des carrières de la plaine, est de deux sortes; l'une, de quinze à vingt-quatre pouces de hauteur, est bonne & ferme, mais sujette à la gelée, & les volumes en sont fort petits.

L'autre, appelée *lambourde*, de trois pieds de hauteur de banc, est plus tendre, mais bonne hors de terre. Le pied cube seize sous, rendu.

La pierre de Vitri & de Saint-Maur, tirée des carrières près de ces villages, est d'inégale hauteur de banc, fort dure, & résiste parfaitement aux injures du temps; mais les blocs en sont aussi fort petits: on en tire aussi une lambourde de deux pieds & demi de hauteur, tendre, nette & fine, propre à la Sculpture.

Les carrières qui produisent ces deux dernières, sont à puits, d'environ cinquante à soixante pieds de profondeur: leur masse contient à peu près dix à onze pieds d'épaisseur, & leur souille environ cinq à six pieds & demi de hauteur. Le pied cube dix-sept à dix-huit sous, rendu.

La pierre de Meudon, tirée des carrières de ce village, près Paris, de quatorze à dix-huit pouces de hauteur de banc, est de deux sortes; l'une, dite *pierre de Meudon*, a les mêmes qualités que celle d'Arcueil, mais plus dure, & un peu graveleuse. Il y en a des blocs d'une grandeur extraordinaire: telles sont les cimaises supérieures du fronton du Louvre, chacune d'une seule pièce, de cinquante-deux pieds de longueur, huit de largeur, & dix-huit pouces d'épaisseur, du poids d'environ quatre-vingt milliers. Le pied cube environ vingt-quatre sous, rendu. L'autre, dite *rustique de Meudon*, est un peu rougeâtre, plus dure & plus coquilleuse, ce qui fait qu'on ne l'emploie qu'en libage. Le pied cube quatorze à quinze sous, rendu.

La pierre de Saint-Cloud, tirée des carrières de Saint-Cloud, près Paris, de dix-huit à vingt-quatre pouces de hauteur de banc, est bonne, blanche, propre à être dans l'eau, & résiste au fardeau, mais un peu coquilleuse, ayant quelques molières. On en fait des bassins, des auges & des colonnes de deux pieds de diamètre, d'une seule pièce.

La pierre de Saint-Nom, tirée de quelques carrières à l'extrémité du parc de Versailles, de dix-huit à vingt-deux pouces de hauteur de banc, a presque les mêmes qualités que celle d'Arcueil, mais grise, coquilleuse, & en partie gélisse.

La pierre de Montesson, tirée des carrières près Nanterre, à trois lieues de Paris, de neuf à dix pouces de hauteur de banc, est très-blanche, & d'un très-beau grain. On en fait des vases, balustres, entrelas & autres ouvrages délicats. Le pied cube vingt-deux à vingt-quatre sous, rendu.

La pierre de Nanterre proprement dite, de dix-huit à vingt-sept pouces de hauteur de banc, est un peu grise: moitié de son épaisseur est d'un grain beau, fin & solide, imitant le liais; l'autre graveleux, grossier, moins dur, & peu solide. Le pied cube seize sous, rendu.

La pierre de la Chaussée, tirée des carrières de ce village, près le port de Marly, ainsi que celle de Bougival, de quinze à vingt pieds de hauteur de banc, a beaucoup de ressemblance au liais, & est très-bonne étant délitée, ce qui la réduit à environ quinze pouces de hauteur.

La pierre de Fécamp, tirée des carrières de la vallée de ce nom, de quinze à dix-huit pouces de hauteur de banc, est très-dure, sujette à la gelée & à se fendre lorsqu'elle n'est pas sèche, ce qui fait qu'on la tire pendant l'été: on l'emploie après avoir séché long-temps sur la carrière.

La pierre de Senlis, qu'on appelle aussi *liais de Senlis*, tirée des carrières de Saint-Nicolas, près cette ville, à dix lieues de Paris, de douze à quinze pieds de hauteur de banc, est très-blanche, pleine & dure, propre aux plus beaux ouvrages d'Architecture & de Sculpture. Le pied cube environ quarante sous, rendu.

La pierre de Vernon, à douze lieues de Paris, en Normandie, de deux à trois pieds de hauteur de banc, est dure, blanche, & difficile à tailler. On la réserve pour la Sculpture.

La pierre de Tonnerre, à trente lieues de Paris, en Champagne, de seize à dix-huit pouces de hau-

teur, est tendre & blanche, & aussi pleine que le liais. Cette pierre est fort chere, & réservée pour les figures, vases, colonnes, rétables d'autels, tombeaux & autres ouvrages en Sculpture. Le pied cube quarante à cinquante sous, rendu.

La pierre de Caen, tirée des carrières de ses environs, en Normandie, est fort noire & dure, & reçoit parfaitement le poli. Cette pierre tient beaucoup de l'ardoise; aussi en fait-on des compartimens de pavé dans les vestibules & salles à manger.

Une autre pierre tirée des environs de cette même ville, est celle que nous connoissons à Paris sous le nom de *carreau blanc*.

La pierre de Quilli, tirée de quelques carrières à trois lieues & demie de Caen, est de deux espèces; l'une, appelée *blanc d'albâtre*, très-recherchée pour la Sculpture, porte depuis dix-huit pouces jusqu'à six à sept pieds de hauteur de banc, & des longueurs que l'on peut désirer. Le pied cube pese cent quarante-neuf livres, quatre onces, huit gros. L'autre, appelée *rougelier*, un peu moins dure que la première, est très-bonne pour bâtir. Le pied cube pese cent quarante-une livres, huit onces, deux gros. Ces deux espèces de pierres sont calcaires, & approchent beaucoup de notre liais par la finesse du grain, leur blancheur & leur dureté.

Une autre espèce de pierre noire & assez dure, tirée de plusieurs carrières très-abondantes aux environs de la ville d'Angers, dans l'Anjou, tient quelquefois lieu de celle de Caen. Cette pierre, que les Anciens employoient dans la construction de leurs bâtimens, est d'un grand usage actuellement pour les couvertures.

Il est une autre pierre qu'on appelle *fusilière*, dure & sèche, tenant de la nature des cailloux: il y en a de grises & de noires, à l'usage des terrasses & bassins de fontaine.

La pierre de Meulière, de même espèce que celle dont on fait les meules de moulins, d'où elle tire son nom, est fort commune. Cette pierre est grise, extrêmement dure & poreuse. Le mortier s'y accroche parfaitement, étant composée d'un grand nombre de cavités. C'est de toutes les constructions la meilleure que l'on puisse faire, sur-tout lorsque le mortier est bon, & qu'on lui donne le temps de sécher. On la tire des environs de la Ferté-sous-Jouarre, près Meaux en Brie, la seule province qui fournisse des meules à toute la France, & même à l'Étranger.

Une pierre tirée des carrières de Montmartre, Belleville, Charonne & autres lieux, qu'on appelle *pierre à plâtre*, est en effet réservée pour la fabrique du plâtre. Cette pierre, peu solide, sujette à se mouliner & à pourrir à l'humidité, ne peut servir qu'à des baraques, cabanes, murs de clôture, & autres ouvrages de mauvaises constructions. Les carrières qui la produisent, sont pour la plupart découvertes: leur masse contient à peu près vingt-quatre à vingt-cinq pieds d'épaisseur, & leur souille environ douze à quinze pieds de hauteur.

Une autre espèce de pierre dure qui se trouve

en bien des endroits, est le grès, qui, n'ayant point de lit, se débite en tout sens par quartiers, suivant les dimensions nécessaires : il en est de deux sortes ; l'une dure, réservée pour le pavé, & l'autre tendre, à l'usage des bâtimens. Cette dernière est de bonne qualité, lorsqu'elle est sans fils & de couleur égale. Ses paremens sont ordinairement piqués, & jamais lissés : quoiqu'elle soit d'un grand poids, & que les membres d'Architecture & de Sculpture s'y taillent difficilement, cependant la nécessité contraint souvent d'en faire usage. Une cause principale de la dureté du grès, vient de ce qu'il se trouve presque toujours à découvert, & qu'alors l'air le durcit extrêmement ; ce qui nous prouve qu'en général les pierres les moins enfoncées en terre sont les plus propres aux bâtimens : ce que les Anciens savoient parfaitement ; car, pour rendre leurs édifices de longue durée, ils préféroient toujours les premiers bancs de carrières, & même les ciels.

Il est bon d'observer que la taille du grès est dangereuse aux ouvriers novices, par la vapeur subtile qui en sort, & que les ouvriers instruits évitent en travaillant en plein air & à contre-vent. Cette vapeur, dit un Auteur, est si fine, qu'elle traverse les pores du verre ; expérience faite par une bouteille d'eau bien bouchée, placée près de l'ouvrage d'un Tailleur de grès, dont le fond s'est trouvé, quelque temps après, couvert d'une poussière fine.

De la Pierre tendre.

La pierre tendre a l'avantage de se tailler facilement & de s'endurcir à l'air : la meilleure est la plus égale en dureté & en couleur : on la réserve pour les étages supérieurs, tant pour en diminuer le poids, que pour les décharger de celui qu'elles sont incapables de supporter. On doit éviter de les employer dans les lieux aquatiques, l'humidité les détruisant en fort peu de temps.

La pierre de Saint-Leu, tirée des carrières de Saint-Leu-sur-Oise, depuis deux jusqu'à quatre pieds de hauteur de banc, est de quatre espèces différentes. La première, appelée communément *Saint-Leu*, tirée de la carrière dont elle porte le nom, est sujette à se déliter ; mais elle est fine, douce, tendre, & d'un blanc tant soit peu jaunâtre. La seconde, appelée *pierre de Maillet*, tirée d'une carrière de ce nom, près Saint-Leu, est ferme, pleine, très-blanche, aucunement sujette à se déliter, & par conséquent propre aux ornemens d'Architecture & de Sculpture. La troisième, appelée *pierre de Trocy*, tirée des carrières de Trocy, près Saint-Leu, est de la même espèce que la précédente, mais de toutes les espèces de pierres, celle dont le lit est le plus difficile à trouver. La quatrième, appelée *pierre de Vergelée*, est de trois sortes ; l'une, tirée d'un banc des carrières de Saint-Leu, est médiocrement dure, rustique & graveleuse, mais résiste au fardeau & à l'humidité ; on s'en sert aux voûtes de caves, d'écuries & autres lieux humides : une autre, tirée des carrières de Velliers, près Saint-Leu, a les

mêmes qualités que la précédente, & est moins dure, plus belle & meilleure ; une autre enfin, tirée des carrières sous le bois, est plus tendre, plus grise & plus veinée que le Saint-Leu, mais ne peut résister au fardeau. Les carrières qui produisent cette pierre sont si abondantes, qu'elle est presque la seule dont on fasse usage à Paris & dans les environs. Le tonneau de quatorze pieds cubes se vend au port de la Conférence à Paris, environ neuf livres, rendu sur l'attelier.

La pierre de tuf, du latin *tofus*, est une pierre blanche, poreuse, à peu près semblable à celle de Meulière, mais infiniment plus tendre, & très en usage en quelques endroits, en France & en Italie, pour la construction des bâtimens.

La pierre de craie, depuis neuf jusqu'à dix-huit & vingt pouces de hauteur de banc, est extrêmement blanche, pleine, tendre, poreuse, & aucunement bonne à l'humidité, qui la détruit en très-peu de temps : on en fait néanmoins un grand usage en Flandres & dans toute la Champagne, pour la construction des bâtimens. Les carrières qui la produisent, pour la plupart découvertes, sont très-abondantes : leur masse contenant à peu près dix à douze pieds d'épaisseur, ne se fouillent point, & les terres se déblayent à mesure.

De la Pierre, suivant ses qualités.

On appelle pierre franche, celle de la meilleure qualité possible, qui ne tient ni de la dureté des ciels, ni du tendre ou bousin des fonds de carrière.

Pierre pleine, celle qui est dure & ferme, sans trous, moyes, molières, coquillages ni cailloux, comme les plus beaux liais & la pierre de Tonnerre.

Pierre entière, celle qui n'a aucuns fils ni veines cassées ou fêlées ; ce qu'on connoît par le son qu'elle rend après l'avoir frappée.

Pierre vive, celle qui s'endurcit dans les carrières comme dehors, ainsi que les marbres & les liais.

Pierre fière, celle qui est dure & sèche, s'éclate quelquefois en la taillant, comme les liais.

Pierre de couleur, celle qui, tenant de quelque couleur, cause quelquefois un agrément dans les façades.

De la Pierre, relativement à ses défauts.

On appelle pierre humide, gélisse ou verte, celle qui, nouvellement tirée de la carrière, n'est pas encore privée de ses humidités.

Pierre grasse, celle qui est composée de parties argileuses & humides, & conséquemment sujette à se feuilleter & à geler.

Pierre feuilletée, celle qui ayant été gelée, se délite par feuillets, & tombe par écailles.

Pierre délitée, celle qui a été fendue dans les lits.

Pierre moulinée, celle qui, étant graveleuse, s'égraine à l'humidité.

Pierre moyée, celle qui contient des parties tendres dans ses lits.

Pierre

Pierre félée, celle qui contient un fil ou veine qui traverse.

Pierre coquilleuse ou coquillère, celle dont les paremens taillés sont remplis de trous ou coquillages, comme le Saint-Nom, près Versailles.

Pierre trouée ou poreuse, celle qui est couverte de trous, comme le rustique de Meudon, la meulière, le tuf, &c.

Pierre de sous pré, celle du fond de la carrière de Saint-Leu, qui est poreuse & remplie de trous, & dont on ne fait point d'usage, à cause de ses mauvaises qualités.

De la Pierre, relativement aux défauts de main-d'œuvre.

On appelle pierre gauche, celle qui, en sortant des mains de l'ouvrier, n'a pas ses surfaces unies & planes, ni les paremens parallèles & conformes aux épures (1).

Pierre coupée, celle qui, ayant été mal taillée & parconséquent gâtée, ne peut servir pour l'endroit où elle a été destinée.

Pierre en délit, celle qui dans la construction n'est pas posée sur son lit de la même manière qu'elle l'étoit dans la carrière. On distingue le délit proprement dit, du délit en joint, en ce que l'un est lorsque le lit de carrière fait parement de face, & l'autre, lorsque ce même lit fait parement de joint.

De la Pierre, relativement à ses façons.

On appelle pierre en debord, celle que les Carriers envoient à l'attelier sans être commandée.

Pierre d'échantillon, celle qui est assujettie aux dimensions envoyées aux Carriers par l'Appareilleur, & auxquelles les Carriers sont obligés de se conformer.

Pierre au binard, celle qui est d'un si gros volume qu'on ne peut la transporter que par des charrois extraordinaires, & attelés de plusieurs chevaux, comme celles qui ont servi aux extrémités des frontons du Louvre & de Sainte Géneviève à Paris.

Pierre bien faite, celle où il y a peu de déchet en l'équarrissant.

Pierre velue, celle qui est brute comme elle a été amenée de la carrière.

Pierre éboulinée, celle dont on a ôté le tendre & le bousin.

Pierre tranchée, celle à laquelle on a fait une tranchée dans le dessein de la couper.

Pierre débitée, celle qui est sciée à la scie sans dents pour les pierres dures, & à la scie à dents pour les pierres tendres.

Pierre d'appareil, celle qui est destinée à faire partie d'un appareil de voûte ou de façade.

Pierre de haut ou bas appareil, celle qui porte plus ou moins de hauteur de banc, après avoir été éboulinée.

Pierre en chantier, celle qui est calée & disposée pour être taillée.

Pierre essemillée, celle qui est équarrie & taillée grossièrement à la pointe du marteau, pour être employée dans les gros murs ou fondemens, comme à ceux des bâtimens de la place de Louis XV, & de celui de la nouvelle église de Sainte Géneviève.

Pierre hachée, celle dont les paremens sont taillés à la hache.

Pierre layée, celle dont les paremens sont taillés avec le marteau brettelé.

Pierre rustiquée, celle dont les paremens sont piqués grossièrement à la grosse pointe.

Pierre piquée, celle dont les paremens sont piqués à la pointe du marteau.

Pierre riflée, celle qui a été passée au riflard.

Pierre traversée, celle dont les traits des brettelures se croisent.

Pierre polie, celle qui a reçu le poli de manière qu'on ne voit plus aucune trace des outils qui ont servi à la travailler.

Pierre taillée, celle qui a reçu toutes ses façons, & qui est prête à mettre en place.

Pierre retaillée, celle qui ayant été coupée, ou provenant de démolition, est retaillée une seconde fois.

Pierre nette, celle qui est équarrie & atteinte au vif.

Pierre retournée, celle dont les paremens opposés sont d'équerre & parallèles entre eux.

Pierre louvée, celle à laquelle on a fait un trou méplat à sa surface supérieure, pour y appliquer la louve.

Pierre d'encoignure, celle qui est destinée à occuper une place dans l'angle d'un bâtiment.

Pierre parpeigne, de parpin, ou faisant parpin, celle qui, traversant l'épaisseur d'un mur, fait parement des deux côtés.

Pierre fichée, celle dont l'intérieur des joints est bien garni de mortier, par le secours du couteau à ficher.

Pierre jointoyée, celle dont on a bien bouché les joints, & ragréée avec le mortier ou le plâtre.

Pierre fusible, celle qui, changeant de nature, devient transparente par le secours du feu.

Pierre statuaire, celle qui est propre à la Sculpture en figures.

Pierres à bossage ou de refend, celles qui, dans leur position, représentent la hauteur des assises par leurs joints refendus de plusieurs manières.

Pierres artificielles, toutes sortes de briques, tuiles ou carreaux, pétries, moulées, cuites ou crues.

De la Pierre, relativement à ses usages.

On appelle première pierre, celle qui, dans les premiers fondemens d'un édifice, est destinée à contenir quelques médailles d'or ou d'argent, & tablettes de cuivre avec inscriptions relatives à l'édifice, & les armes de celui par les ordres duquel il est construit; opération qui se fait avec plus ou moins de magnificence, suivant l'importance du

---

(1) L'épure est le dessin développé d'une voûte ou plate-bande.

E

bâtiment & la dignité de celui qui préfide à la cérémonie. Cet ufage, qui avoit lieu du temps des Grecs, eſt le moyen par lequel nous avons connu la plupart des époques de leurs monumens, qui auroient été indubitablement perdues dans les différentes révolutions qui font furvenues.

Dernière pierre, celle que l'on place fur la face d'un bâtiment, & fur laquelle font gravées des inferiptions qui apprennent à la Poſtérité le motif de fon édification, comme on en voit aux portes des villes, places & fontaines publiques.

Pierre percée, celle qui fe pofe fur un pavé de cour, remife ou écurie, pour donner du jour & de l'air à une cave, ou fur un puifard, pour faciliter l'entrée des eaux pluviales.

Pierre à châſſis, celle qui contient une ouverture avec feuillure, pour recevoir une grille de fer, ou un bouchon à l'ufage des foffes d'aifances, regards, &c.

Pierre à évier, celle qui, étant un peu creufe, eſt placée à hauteur de pavé dans les cuifines ou lavoirs, pour faciliter l'écoulement des eaux.

Pierre de gargouille, celle qui, étant creufée en demi-cercle, eſt placée auſſi dans les cuifines ou lavoirs, pour l'écoulement des eaux.

Pierre à laver, celle qui, formant une efpèce d'auge très-plate, eſt placée à hauteur d'appui dans les cuifines, & fert pour laver les vaiffelles.

Pierre perdue, celle que l'on jette pour fonder dans la mer, fleuves, lacs, &c. ou en caiſſons, ou encore dans les maçonneries de blocage.

Pierres incertaines, que l'on emploie comme elles arrivent de la carrière.

Pierre jectiffe, celle que l'on peut pofer à bras, & pour laquelle on n'eſt point obligé d'employer les engins.

Pierre d'attente, celle que l'on a laiffée en boffages pour y tailler des ornemens ou y graver des infcriptions; ou encore celle qu'on a laiffée en harpes ou arrachemens, pour attendre & faire liaifon lors de la conſtruction des murs voifins.

Pierres milliaires, celles qui, en forme de bornes ou de focles, chez les Romains, étoient placées fur les grands chemins de mille en mille toifes, depuis la millière dorée de Rome, pour marquer la diſtance des villes de l'Empire; ce que nous avons appris des Hiſtoriens, par ces mots, _prima, fecunda, &c. ab urbe lapis._ On en voit maintenant dans toute la Chine, & depuis peu en France.

Pierres de rapport, celles qui, étant de plufieurs couleurs, font réfervées pour les compartimens de pavé en mofaïque.

Pierres précieufes, toutes pierres rares, comme l'agate, le lapis & autres, dont on enrichit les ouvrages de marqueterie & de mofaïques anciennes, qui étoient de pierres de rapport.

Pierres fpéculaires, celles qui, chez les Anciens, étoient tranfparentes, comme le talc, le gypfe, & que l'on débitoit par feuilles très-minces, pour employer aux vitrages des croifées. La meilleure, fuivant Pline, fe tiroit d'Efpagne. Il en eſt parlé au fecond Livre des Epigrammes de Martial.

Pierres noires, rouges ou blanches, celles qui fervent aux ouvriers de bâtimens pour tracer fur la pierre, le bois, le fer, &c.

De la Pierre, relativement à fa forme.

On appelle appui, celle qui eſt placée dans l'épaiffeur du tableau d'une croifée, & fur laquelle on s'appuie.

Seuil, celle qui, étant placée dans l'épaiffeur d'une porte, fert de battement à la porte de menuiferie.

Borne, celle qui en forme de cône tronqué dans fon fommet, eſt placée aux encoignures de pied-droits, portes, remifes, ou le long des murs, pour en éloigner les voitures.

Banc, celle que l'on place le long des murs de cours, baffe-cours ou jardins, pour fervir de fiége.

Marche, celle qui fait partie d'un efcalier, & fur laquelle on marche, d'où elle tire fon nom.

Dalle, celle qui, étant très-mince & dreffée, fert de couvertures aux terraffes.

Caniveau, celle qui, étant très-plate, fert de pavé dans les cuifines & offices, ou tant foit peu creufée, fert à l'écoulement des eaux des aqueducs, pierrées, &c.

Du Moëllon.

Le moëllon, qui eſt l'éclat des pierres équarries, en eſt la partie la plus tendre, & tient de la nature de celles dont il eſt forti. Sa qualité principale eſt d'être bien équarri & bien gliffant ou plat, ce qui confomme moins de mortier ou de plâtre. Le meilleur eſt celui qu'on tire des carrières d'Arcueil, de Bagneux & des environs, revenant à environ cinquante livres la toife cube, rendue. Celui du fauxbourg Saint-Jacques eſt très-bon, très-abondant, mais fort mal fait; celui de Paſſy & de Chaillot eſt bon, mais inégal; celui du fauxbourg Saint-Marceau & d'Ivry eſt fort bon, mais moins abondant que par-tout ailleurs. Ces trois derniers reviennent à quarante-huit livres la toife cube, rendue; celui de Nanterre eſt extrêmement abondant, mais le plus tendre de tous les moëllons durs, ce qui le fait employer par préférence dans les parties élevées : on ne laiffe pas néanmoins d'en faire un grand ufage. Il revient à environ quarante-cinq livres la toife cube, rendue. Celui de Meulière eſt le plus dur de tous, & ne peut être équarri, à caufe de fa trop grande dureté; auſſi l'emploie-t-on comme il eſt : il revient à cinquante livres la toife cube, rendue.

Du Moëllon, relativement à fes façons.

On appelle moëllon de roche, celui qui eſt tiré des roches, trop dur pour être équarri, & qu'on emploie comme il eſt; moëllon bourru, celui qui eſt trop mal fait pour être équarri, & qu'on emploie comme il eſt; moëllon émuffé, celui qui eſt ébouſiné & groffièrement équarri, pour être employé aux murs de clôture & autres de peu d'importance ; moëllon piqué, celui dont les paremens extérieurs sont piqués à la pointe du marteau, après avoir été ébousiné & équarri ; moëllon apparent, celui qui, n'ayant été couvert d'aucun crépi ou enduit, est visible & apparent.

Du Moëllon, suivant ses usages.

On appelle moëllon d'appareil, celui qui, étant apparent, est de hauteur & largeur égales, équarri à vives arêtes, & posé bien de niveau & en liaison égale.

Moëllon de plat, celui qui est posé horizontalement sur son lit dans la construction des murs à plomb.

Moëllon de coupe, celui qui est posé sur son champ (1) dans la construction des voûtes.

De la Brique.

La brique est une espèce de pierre artificielle, dont l'usage est très-nécessaire dans la construction des bâtimens. On s'en sert avantageusement au lieu de pierre & de moëllon, & de préférence en certains genres de construction, comme aux voûtes légeres, aux foyers, aux contre-cœurs & languettes de cheminée. Cette pierre rougeâtre, qui se fait au moule, est indispensable dans les pays où il n'y en a d'aucune autre espèce.

La terre propre à faire la brique est appelée communément *terre glaise*. Le choix étoit fort recommandé par Vitruve, pour celle qui, mêlée de foin & de paille hachée & séchée au soleil, étoit destinée aux petits murs, cloisons & planchers : celle qui est un peu rouge est beaucoup moins estimée ; les briques qui en sont faites sont plus sujettes à se feuilleter & à se pulvériser à la gelée. Suivant cet Auteur, il y en a de trois sortes, une très-blanche, une rougeâtre, & une autre qu'on appelle *sablon mâle*. Les Interpretes de Vitruve n'ont pu décider quel étoit ce sablon mâle. Pline prétend qu'on l'employoit de son temps pour faire la brique ; Philauder croit que c'étoit une terre sablonneuse & solide ; Barbaro pense que c'est un sable de rivière, gras, que l'on trouve en pelotons, comme l'encens mâle ; Baldus dit qu'on l'appeloit *mâle*, parce qu'il étoit moins sec & moins aride que les autres. Au reste, la couleur n'est pas ce qui caractérise une bonne terre, il faut qu'elle soit humide, qu'elle s'attache & s'amasse aux pieds, & qu'en la pétrissant on ait de la peine à la diviser. La meilleure est grise ou blanchâtre, mais grasse, sans cailloux ni graviers.

Après avoir choisi une espèce de terre égale & de bonne qualité, il faut l'entasser, y mêler de la bourre & du poil de bœuf, pour la mieux lier, & du sablon, pour la rendre dure & capable de résister au fardeau. Lorsqu'elle est cuite, on la corroie à la houe jusqu'à quatre ou cinq fois, la lais-

sant reposer alternativement. L'hiver est d'autant plus propre à cette préparation, que la gelée contribue beaucoup à la bien corroyer. La pâte faite, on la jette par motte dans des moules de bois des mêmes dimensions que doit avoir la brique, & lorsqu'elle est à demi seche, on lui donne la forme que l'on juge à propos.

Le temps propre à faire sécher la brique, dit Vitruve, est le printemps & l'automne : l'été la seche trop promptement & la fait gercer ; & l'hiver la seche peu & fort lentement. Il est encore nécessaire, dit-il en parlant des briques crues, de les laisser sécher lentement & pendant plusieurs années, parce qu'étant employées nouvellement faites, elles se gersent en séchant, & la muraille s'affaissant, fait périr l'édifice. Il étoit défendu dans la ville d'Utique de s'en servir qu'elle n'eût été visitée, & qu'on n'eût été certain qu'elle avoit séché au moins pendant cinq années. La brique crue n'est en usage chez nous que dans le fond des provinces, sinon pour les fours à chaux, à briques ou à tuiles.

On faisoit usage autrefois à Rome de trois sortes de briques ; la première, que l'on appeloit Διδωρον, qui avoit deux palmes en carré ; la seconde, qu'on appeloit Τετραδωρον, qui en avoit trois ; & la troisième, qu'on appeloit Πενταδωρον, qui en avoit cinq. Ces deux dernières ont été fort long-temps en usage chez les Grecs. On y faisoit encore des demies & des quarts de brique, pour placer dans les angles & les terminer. Vitruve rapporte qu'on faisoit à Pitence en Asie, à Calente en Espagne, & à Marseille en France, une espèce de brique de très-bonne qualité, flottant sur l'eau comme la pierre-ponce.

La meilleure brique est celle qui est d'un rouge pâle tirant sur le jaune, d'un grain serré & compact, & qui, lorsqu'on la frappe, rend un son clair. Il arrive assez souvent que les briques faites de même terre, préparées en même temps & cuites en mêmes fournées, sont de différente couleur & conséquemment de différente qualité ; ce qui vient du four où elles étoient placées, & où le feu avoit plus ou moins d'ardeur. La manière la plus sûre de connoître la bonne brique, sur-tout pour des édifices d'importance, est de l'exposer à la gelée pendant l'hiver ; & celles qui auront résisté sans accident, seront regardées comme bonnes à être mises en œuvre.

La brique se vend au port des Miramionnes à Paris, & revient à environ soixante livres le millier. On a depuis peu découvert le long des bords de la rivière d'Etampes, près Paris, une très-bonne tourbe propre à cuire la brique, & dont le millier reviendroit par ce moyen à environ dix livres, rendue à Paris.

De la Chaux.

La chaux, du latin *calx*, est une pierre cuite

---

(1) Moëllon posé de champ, est lorsque sa partie latérale est placée de niveau.

& calcinée au four, qui, détrempée avec de l'eau, s'échauffe, se dissout, & devient liquide. Cette pierre, étant seule, n'a aucune action ; mais, réunie avec d'autres agens, a la vertu de lier les pierres ensemble, au point de faire un corps solide, & avec le temps, impénétrable à quoi que ce soit. Si l'on pile, dit Vitruve, des pierres crues, on ne peut en rien faire ; mais si on les fait cuire, on chasse les parties dures & humides qu'elles renferment, elles deviennent poreuses, & en les plongeant dans l'eau, elles se transforment en une pâte liquide qui fait la base du mortier. La meilleure chaux est blanche, grasse, sonore, & sur-tout point éventée : en l'humectant, elle rend une fumée abondante, & lorsqu'elle est détrempée, elle s'unit fortement au rabot. On en reconnoît encore la bonté après la cuisson, lorsqu'après l'avoir bien broyée avec de l'eau, on s'apperçoit qu'elle devient gluante comme la colle.

De la Pierre à Chaux.

Toutes les pierres sur lesquelles l'eau-forte agit & bouillonne, sont propres à faire de la chaux. Celles qui sont tirées nouvellement des carrières humides & à l'ombre, sont très-bonnes. Les plus dures & les plus pesantes sont les meilleures, le marbre même est préférable. Les coquilles d'huître sont aussi très-bonnes ; mais celle qui, dit Vitruve, est faite de cailloux qu'on trouve sur les montagnes, dans les rivières, les torrens, les ravins, est parfaite. Il y a dans les montagnes de Padoue, dit Palladio, une espèce de pierre écaillée, dont la chaux est excellente pour les ouvrages aquatiques & hors de terre, parce qu'elle prend vite & s'endurcit promptement. Vitruve nous assure que celle que l'on fait avec des pierres dures & spongieuses, est bonne pour les enduits & crépis ; que les pierres poreuses font la chaux tendre, les pierres échauffées font la chaux fragile, les pierres humides font la chaux tenace, & les pierres terreuses font la chaux dure : celle qui est faite avec la pierre de marne, quoique des plus tendres, est néanmoins fort bonne.

Philibert Delorme conseille de faire la chaux avec les mêmes pierres dont on bâtit, parce qu'étant homogènes, dit-il, leurs liaisons se font mieux.

On fait cuire la chaux avec du bois ou du charbon de terre. Ce dernier, plus ardent, a beaucoup plus d'action, cuit plus promptement, & la chaux en est plus grasse & plus onctueuse. Les fours à chaux sont ordinairement situés & construits au pied & dans l'épaisseur des terrasses. On les fait de différentes formes, mais le plus souvent circulaires, d'environ neuf à dix pieds de diamètre, & de la forme d'un œuf, dont la pointe faisant le sommet, est ouverte pour donner issue à la fumée. On y arrange la pierre à cuire, d'abord en voûte, pour contenir le bois, observant de placer près du foyer les plus grosses les premières, ensuite les moyennes, & après les petites. On élève ainsi jusqu'au sommet ; on bouche l'ouverture, & on

met le feu, que l'on entretient pendant trente ou trente-six heures que doit durer la cuisson : les fours où l'on emploie le charbon de terre, & même quelques-uns de ceux où l'on emploie le bois, ont leurs foyers percés & évidés par-dessous, couverts d'une grille de fer, pour donner de l'air & souffler le feu. La pierre étant cuite, on la laisse refroidir pour la transporter aux atteliers.

La chaux se vend à Paris quarante-huit à cinquante livres le muid de quarante-huit pieds cubes, rendue aux atteliers.

De la manière d'éteindre la Chaux.

A la vérité, la qualité de la pierre & sa cuisson contribuent beaucoup à sa bonté ; mais la manière de l'éteindre peut la lui faire perdre entièrement, si l'on ne prend toutes les précautions nécessaires.

Anciennement on éteignoit la chaux dans des bassins creusés en terre. Après y avoir déposé les pierres cuites, on les couvroit de deux pieds d'épaisseur de sable ; on les arrosoit d'eau, & on les entretenoit abreuvées de manière que la chaux se dissolvoit sans se brûler. S'il se faisoit des ouvertures, on avoit soin de les remplir de nouveau sable, afin que la chaleur demeurât concentrée. Une fois éteinte, on la laissoit deux ou trois ans sans l'employer : cette matière, après ce temps, se convertissoit en une masse semblable à la glaise, mais très-blanche, grasse & glutineuse, au point qu'on n'en pouvoit tirer le rabot qu'avec beaucoup de peine ; ce qui faisoit un mortier d'un excellent usage.

La manière actuelle d'éteindre la chaux, est de la déposer dans un bassin plat A (*Pl.* X, *fig.* 1 & 2), d'environ deux pieds de profondeur, rempli d'eau, & de l'y remuer à force de bras & de rabot, jusqu'à ce qu'elle soit bien délayée. Il faut observer plusieurs choses essentielles : 1°. que le bassin d'extinction A ait une ou deux rigoles B B, communiquant à un ou deux bassins de provision au dessous, & creusés en terre d'environ six, huit ou dix pieds de profondeur, destinés à recevoir la chaux à mesure qu'elle est éteinte, 2°. que le fond du bassin d'extinction soit plus bas de quelques pouces que celui de la rigole, afin que les corps étrangers s'y déposant, ne puissent couler dans le bassin de provision ; 3°. de faire beaucoup d'attention à la quantité d'eau nécessaire : trop la noie & diminue sa force ; trop peu la brûle, dissout ses parties, & la réduit en cendres.

Toutes les eaux ne sont pas propres à éteindre la chaux. L'eau bourbeuse & croupie est fort mauvaise, étant composée d'une infinité de corps étrangers, capables d'en diminuer la force. L'eau de la mer, suivant quelques-uns, n'est pas bonne, ou l'est très-peu, parce qu'étant salée, le mortier fait de cette chaux est difficile à sécher ; suivant d'autres, elle fait de bon mortier lorsque la chaux est forte & grasse : on l'emploie aussi avec succès à Dieppe & presque dans tous les ports de France. L'on trouve assez souvent au fond du bassin,

des

des parties dures & pierreuses, qu'on appelle *bif-cuits* : ce sont des pierres mal cuites, qu'il faut mettre à part, & dont le Marchand doit tenir compte. La chaux une fois éteinte, on la laisse refroidir quelques jours, après lesquels on peut l'employer. Quelques-uns prétendent que c'est-là le temps de la mettre en œuvre, parce que ses sels n'ayant pas eu encore le temps de s'évaporer, elle en est par conséquent meilleure. Cependant si l'on juge à propos de la conserver, il faut la couvrir d'un pied ou dix-huit pouces d'épaisseur de bon sable ; alors elle peut se garder trois ou quatre ans sans perdre de sa qualité. Vitruve & Palladio prétendent que la chaux gardée long-temps dans le bassin, est infiniment meilleure ; & leur raison est que, s'il se trouve des pierres moins cuites ou moins éteintes, elles ont eu le temps de s'éteindre & de se détremper comme les autres, à l'exception néanmoins de celle de Padoue, ajoute ce dernier, qui, lorsqu'elle est gardée, se brûle & se réduit en poussière.

Celle qui est faite avec la marne de Senouche au Perche, durcit fort promptement, même dans le bassin, lorsqu'elle y séjourne quelque temps : le mortier en est excellent pour les ouvrages aquatiques.

Il y a, à Metz & aux environs, de la pierre dure, avec laquelle on fait une excellente chaux qui ne se coule point, & dont le mortier devient si dur, que les meilleurs outils ne peuvent l'entamer : aussi en fait-on des voûtes, sans aucun autre mélange que de gros gravier de rivière. Des Ouvriers, qui n'en connoissoient point la qualité, s'avisèrent de l'éteindre dans des bassins qu'ils couvrirent de sable pour la conserver ; l'année suivante, elle se trouva si dure, qu'ils furent obligés de la rompre à force de coin, & de l'employer comme moëllon. On éteint cette chaux, dit Bélidor, en l'abreuvant d'eau à diverses reprises, après l'avoir couverte de tout le sable qui doit en composer le mortier. Melun, Corbeil, Senlis, Boulogne & quelques autres, sont les lieux qui fournissent de la chaux à Paris ; Meudon, Chanville, la Chaussée & les environs de Marli sont ceux qui fournissent la meilleure, la plus grasse & la plus onctueuse.

Si l'abondance ou la qualité des sels que contiennent certaines pierres, les rendent plus propres que d'autres à faire de bonne chaux, on peut employer des moyens d'en faire d'excellente dans des pays où elle a peu de qualité. Il est nécessaire pour lors que les bassins soient pavés & revêtus de maçonnerie bien enduite dans leur circonférence, afin qu'ils ne puissent perdre aucune partie de l'eau qui sert à l'extinction de la chaux. On l'éteint & on la coule comme à l'ordinaire ; ensuite on broie bien le tout à force de rabot pendant une heure ou deux, & on la laisse rasseoir à son aise. Le lendemain la matière calcaire se trouve déposée au fond du bassin, & la surface est couverte d'une grande quantité d'eau verdâtre, qui contient la plus grande partie des sels dont elle étoit chargée : on recueille cette eau dans des

vases ou tonneaux, pour servir à l'extinction d'une nouvelle chaux qui devient par conséquent meilleure, étant composée d'une plus grande abondance de sels. Cette opération se renouvelle plusieurs fois, jusqu'à ce que la chaux ait acquis la qualité suffisante pour être bonne & onctueuse. Les parties calcaires, demeurées au fond des bassins, ne sont pas tant dépourvues de sels, qu'elles ne puissent encore être employées dans les gros massifs ou autres ouvrages de peu d'importance. Cette manière d'avoir de bonne chaux est, à la vérité, dispendieuse : mais doit-on penser à l'économie pour des parties où la solidité doit être indispensable ?

De la Chaux, relativement à ses façons.

On appelle chaux vive, celle qui bouillonne dans le bassin d'extinction.

Chaux éteinte, celle qui a été détrempée, & que l'on conserve dans les bassins de provision.

Chaux fusée, celle dont les esprits se sont évaporés, pour avoir été trop long-temps exposée à l'air ou à l'humidité avant que d'être éteinte.

Chaux en lait ou lait de chaux, celle qui a été délayée avec beaucoup d'eau, assez ressemblante à du lait, propre à blanchir les murs & plafonds.

Chaux maigre, celle qui n'étant point onctueuse, contient peu de sels, & ne foisonne point.

Chaux grasse, celle qui forme une pâte onctueuse, & qui contient beaucoup de sels.

Chaux âpre, celle qui contient une grande quantité de sels, comme celle des environs de Metz & de Lyon.

Du Sable.

Le sable est composé de petites pierres ou cailloux usés par le frottement dans le trajet du cours des rivières, depuis les montagnes où elles prennent naissance, dont le grand nombre réuni forme un gravier d'autant plus fin, qu'il approche des bords de la mer. Ce sable diffère des pierres, en ce qu'il est âpre, dur, raboteux & sonore, diaphane ou opaque, suivant les lieux qu'il occupe & les sels dont il est composé. Cette matière étant douce, humide & chargée de parties terrestres, émousse & diminue les esprits de la chaux, & empêche le mortier de faire corps. Le meilleur est le plus net & le moins terreux. On le connoît par sa rudesse & le bruit qu'il fait dans les mains lorsqu'on le touche, ou lorsqu'après l'avoir frotté, il ne reste point de terre entre les doigts ; ou lorsqu'après l'avoir secoué sur une étoffe ou un linge blanc, il n'y reste aucune partie terreuse ; ou enfin lorsqu'après l'avoir plongé & remué dans un verre d'eau claire, l'eau en est peu troublée. On le distingue en quatre espèces ; le sable de mer, le sable de rivière, le sable de ravins, & le sable de terrein.

Le premier est un sablon fin que l'on prend sur les bords de la mer & aux environs. Ce sablon, réuni à la chaux, dit Vitruve, est le moins bon de tous. Les murs qui en font conftruits, font foibles & font longs à fécher. Les crépis & enduits fuintent fans ceffe ; le fel marin qu'il contient, fe diffolvant, fait tout fondre. Alberti affure que celui des environs de Salerne, lorfqu'il n'eft pas pris du côté du midi, eft le feul de fon efpèce qui foit bon. Il y a dans les lieux aquatiques & fpongieux, dit Bélidor, un fablon excellent, qu'on appelle *fable bouillant.* On le connoît, lorfqu'en marchant deffus il en fort de l'eau.

Le deuxième, tiré des rivières ou des fleuves, eft blanc, jaune ou rouge. Ce fable eft très-eftimé, parce qu'ayant été battu par l'eau, il eft dépourvu de toutes parties terreftres. Le plus graveleux eft le meilleur, pourvu qu'il ne le foit pas trop ; il en eft plus propre, étant réuni avec la chaux, à s'agraffer dans la pierre. Celui qui eft près des rivages, plus facile à tirer, eft moins bon, étant fouvent chargé de limon, que le débordement des eaux y dépofe, mais néanmoins auffi bon lorf-qu'il eft débarraffé d'une croûte fuperficielle de mauvaife terre.

Le troifième, tiré du fond des ravins, eft un gravier qui, felon Alberti & Scamozzi, n'a de bon que la furface fupérieure, le deffous étant compofé de petits cailloux. On s'en fert dans la conftruction des gros murs, lorfqu'il a été paffé à la claie.

Le quatrième, tiré des plaines que les rivières ont le plus fouvent parcourues, comme on peut le remarquer par des fouilles où l'on rencontre les mêmes fables roulés, calcaires & vitrifiables, que ces rivières charient, eft de deux fortes : l'une, qu'on appelle *fable mâle,* eft de couleur d'un brun foncé, égal dans fon même lit : l'autre, qu'on ap-pelle *fable femelle,* eft de couleur d'un brun plus pâle & inégal : l'une & l'autre font le fable de cave des Ouvriers & l'*arena di cava* des Italiens. Philibert Delorme l'appelle *fable de terrein.* Pérault n'a point voulu lui donner le nom de *terrein,* de peur qu'on ne le confondît avec celui de *terreux,* qui eft de très-mauvaife qualité. Jean Martin, dans fa traduction de Vitruve, l'appelle *fable de foffé.* En général, dit Vitruve, ce fable eft très-bon pour la maçonnerie, parce qu'il eft gras & fe feche promptement : auffi le préfere-t-on pour les murs & voûtes continues ; il eft auffi très-bon, ajoute-t-il, pour les enduits & crépis, fur-tout lorfqu'il eft nouvellement tiré de la terre ; car, étant gardé, le foleil & la lune l'altèrent, le grand air le def-feche, & la pluie le diffout & le convertit en terre.

Du Ciment.

Le ciment n'eft autre chofe que de la tuile ou de la brique concaffée. La première, qui eft la plus cuite, eft dure, ferme, capable de réfifter aux plus grands fardeaux & de bien s'incrufter dans les cavités de la pierre. La deuxième, moins cuite, eft plus tendre & plus terreufe, moins capable de fupporter le fardeau & de s'incrufter dans la pierre. Cet agent, dit Vitruve, ayant retenu, après fa cuiffon, la caufticité de la glaife dont il tire fon

origine, eft bien plus propre à faire de bon mor-tier que tout autre. La multiplicité des formes d'ailleurs qu'il a reçues après le concaffement, fait qu'il s'incrufte aifément dans les inégalités de la pierre ; en forte qu'un mortier de l'un & de l'autre réunis, fait une conftruction inébranlable, même au fond de l'eau.

Des Poudres.

La pozzolanne tirée des environs de Naples, du mont Vefuve en Italie, & de la ville de Pouz-zole, fameufe par fes grottes & fes eaux minérales, eft une poudre admirable par fa vertu. Cette ma-tière, réunie à la chaux, joint fortement les pier-res, fait corps avec elles, & s'endurcit au fond de la mer, au point que rien ne peut les défunir. Ceux qui en ont cherché la caufe, dit Vitruve, ont remarqué que toutes ces montagnes & envi-rons font remplies de fources bouillantes & de feux fouterrains, qui, brûlant perpétuellement la terre & les pierres, en font une poudre légère, sèche & altérée. Cette poudre, compofée de grains poreux femblables à la pierre-ponce, fe lie aifément avec la chaux, s'endurcit promptement, & forme un corps fi dur, que rien ne peut le rompre ni l'entamer. Bélidor la compare en quelque forte au ciment fait de tuile concaffée, qui n'a d'action qu'après fa cuiffon.

Vitruve a obfervé de fon temps, qu'on trouvoit de cette poudre par-tout où il n'y avoit point de fable, & dans prefque tous les lieux qui conte-noient des fources bouillantes ; que les montagnes mêmes & les rochers brûlés de feux fouterrains, en produifoient auffi des parties les plus tendres : en effet, on voit fort peu de fable de cave dans les environs du mont Apennin & dans la Tofcane, où l'on fait ufage d'une poudre prefque femblable, que Vitruve appelle *carbunculus,* point du tout en Achaïe, du côté de la mer Adriatique, & jamais en Afie, au delà de la mer, où ces fources font en abondance.

Cette poudre eft très-commune en Auvergne & aux environs des anciens volcans, dans quelques-unes de nos provinces.

Aux environs de Cologne & dans le Bas-Rhin, on fe fert d'une poudre grife appelée *terraffe de Hollande,* faite de terre cuite écrafée & réduite en poudre avec des meules de moulins. Cette poudre, pure & point falfifiée, étant unie à la chaux, réfifte à l'humidité, à la chaleur & à toutes les rigueurs des faifons. Elle eft d'un excellent ufage pour toutes fortes d'ouvrages aquatiques, & fait une fi bonne conftruction, qu'on l'emploie dans tous les Pays-Bas au lieu de pozzolane, qui y eft très-rare, & qui ne fe trouve qu'auprès des volcans tant anciens que modernes.

On fait ufage dans le même pays d'une poudre qu'on appelle *cendrée,* qui n'eft autre chofe que la cendre du charbon de terre ou de houille mêlée avec les petites parties de pierre à chaux qui tombent pendant la cuiffon fous la grille du fourneau. Ce mélange compofe la cendrée, admirable en conftruction.

A Clermont, à Riom, à Volweck, dans toute l'Auvergne & aux environs, on amaffe toutes les petites pierres & pierrailles, débris des pierreponces appelées *rapillo*, corrompu de *lapillo*, dont on fait d'excellent mortier.

On recueille auffi dans la campagne & fur le bord des rivières, des cailloux que l'on fait rougir pour les réduire en poudre & faire une espèce de terraffe de Hollande excellente dans les conftructions.

Une autre poudre artificielle, qu'on appelle *ciment perpétuel* ou *de Fontainier*, dont on fait un mortier excellent pour les ouvrages aquatiques, eft faite, ou de pierres de meules de moulin concaffées, ou de vafes & pots de grès pilés, ou enfin de mâchefer & craffe de charbon de terre mêlée de ciment.

Du Mortier.

Le mortier, du latin *mortarium*, qui, fuivant Vitruve, eft plutôt le baffin où on le broie, que le mortier même, eft l'union de la chaux avec les fables, cimens ou autres poudres. Cet alliage feul fait la bonne conftruction. Une chaux de bonne qualité, bien éteinte, réunie à de bonnes poudres, ne fuffit point; il faut en proportionner les dofes fuivant les qualités, les bien broyer, &, s'il eft poffible, fans y ajouter de nouvelle eau, qui amortit & diminue la force de la chaux.

La propriété du mortier de lier les pierres enfemble & de s'endurcir, venant plutôt de la chaux que des autres matériaux; nous allons voir pourquoi la pierre, qui a perdu fa dureté par la cuiffon, la reprend avec le temps, lorfqu'elle eft unie avec le fable & l'eau.

Il eft inconteftable que la dureté des corps vient de la qualité des parties qui les compofent; en forte que la deftruction de ceux qui font les plus durs, vient de la perte qu'ils font continuellement de cette qualité; que fi on parvient à la leur rendre, ils reprennent auffi-tôt leur ancienne vigueur.

Le feu, échauffant & brûlant la pierre, en fait fortir les parties humides; ce qui la rend poreufe & légère. Cette pierre, cuite & enfuite abreuvée d'eau, éprouve une fermentation qui, réunie à de bons fables, forme une pâte glutineufe qui joint fortement les pierres enfemble, & fait corps avec elles.

Le plus ou le moins de pores que contiennent certains fables ou poudres, fait la différence de leur qualité : plus ils en contiennent, plus il les faut agiter pour y faire entrer la chaux; c'eft pourquoi, plus les frottemens font réitérés, plus la chaux entre dans ces pores & s'y introduit; auffi le mortier eft-il meilleur quelques heures après, & lorfque la chaux eft entièrement paffée dans le fable.

L'expérience nous apprend que le mortier qui a refté plufieurs jours fans être employé, a perdu fa qualité, ce qui doit déterminer à l'employer de fuite : alors il s'infinue & remplit tous les pores ouverts de la pierre, & forme une nouvelle fermentation, jufqu'à ce que le tout ait acquis par le temps une certaine dureté. On voit tous les jours dans la démolition des anciens édifices, des mortiers plus durs & plus difficiles à rompre que les pierres mêmes.

C'eft une erreur de croire que la chaux brûle les corps qui fe détruifent. Sa chaleur a bien moins de part à fa deftruction, que la perte qu'elle fait fans ceffe de fes qualités; perte qui caufe peu à peu la défunion; en forte que, n'ayant plus cette vertu pour tenir les parties liées enfemble, elles ne peuvent fe foutenir, & tombent en ruine.

Le mortier de chaux & fable diffère fuivant la qualité de l'un & de l'autre. Sa dofe ordinaire eft par égale portion, quelquefois trois cinquièmes, ou deux tiers de fable, lorfque la chaux eft bonne, & jufqu'à trois quarts, lorfqu'elle eft extrêmement graffe; ce qui eft fort rare. Vitruve prétend que le bon mortier contient trois parties de fable de terrein, ou deux de rivière, qui fera meilleur, ajoute-t-il, fi à ce dernier on joint une partie de ciment.

Le mortier de chaux & ciment fe fait de même que le précédent. Les dofes diffèrent auffi fuivant la qualité de l'un & de l'autre, auquel on mêle quelquefois du fable.

Le mortier de chaux & pozzolanne fe fait auffi à peu près de même & avec les mêmes dofes, fuivant leur qualité. Il eft d'un excellent ufage pour les conftructions dans l'eau.

Tous ces mortiers fe font à mefure des befoins, par le mélange de la chaux & du fable bien remués & corroyés dans des baffins hors de terre, à force de bras & de rabots, fans aucune nouvelle eau, s'il eft poffible, qui en abforbe toujours les efprits.

Dans les environs de Metz & de Lyon, on fait le mortier en dépofant la chaux vive dans le fond du baffin; on la couvre enfuite de fable, de trois à quatre pouces d'épaiffeur, on l'arrofe à diverfes reprifes, & on la laiffe repofer environ vingt-quatre heures. On peut la conferver en cet état fans qu'elle perde de fa qualité; mais fi on vouloit l'employer de fuite, il faudroit y ajouter du fable ce qu'il en faut, de manière que le tout enfemble pût faire deux fois le volume de la chaux vive employée. On arrofe la furface en proportion, broyant le mortier à mefure qu'on l'emploie. Ce mortier, gardé une quinzaine de jours, devient très-dur, au point qu'on ne fauroit en faire ufage.

Une autre manière d'employer cette chaux, eft de la pulvérifer & de la mêler avec du gros gravier à fec, ce qu'on appelle *chaux retournée* : on la broie bien fans eau, & on la jette ainfi bien doucement dans l'eau, derrière des madriers, mêlée de moëllons & pierrailles. Ce mortier eft d'une excellente qualité, & s'endurcit parfaitement, même au fond de l'eau.

Le mortier de chaux & de terraffe de Hollande fe fait en quantité qu'on peut employer pendant la femaine. On étend dans le fond du baffin un lit de chaux non éteinte, d'un pied d'épaiffeur,

& on l'arrose pour la détremper : on la couvre ensuite d'un lit de terrasse de Hollande de pareille épaisseur, laissant reposer le tout deux ou trois jours, jusqu'à ce que la chaux soit parfaitement éteinte : ensuite on remue le mortier & on le mêle à force de houes & de rabots : on le laisse reposer environ vingt-quatre heures, après quoi l'on en broie à mesure pour l'employer, l'humectant quelquefois un peu, pour qu'il ne perde aucunement de sa qualité. Cette manière est assez en usage en quelques provinces pour le mortier ordinaire, ce qui ne peut qu'ajouter à ses bonnes qualités.

Le mortier de chaux & de cendrée se fait en déposant la cendrée dans le fond d'un bassin appelé batterie, pavé & muré dans sa circonférence, de pierres plates & unies, nettoyées & bien propres. On éteint à côté, dans un autre bassin plus élevé, de la chaux, environ la moitié du volume de la cendrée, avec de l'eau en suffisance, qu'on laisse couler dans la batterie, à travers une claie de fil d'archal. On bat le tout ensemble, pendant quelques jours de suite & à diverses reprises, avec des houes & demoiselles, jusqu'à ce que le mortier se forme en pâte fine & grasse : ainsi fait, on l'emploie aussi-tôt, & on le conserve en bon état pendant plusieurs mois, à l'abri de la poussière, du soleil & de la pluie. Il faut avoir soin, lorsqu'on le remue pour s'en servir, d'y mettre très-peu d'eau, & même point du tout, s'il est possible ; car à force de bras elle peut devenir grasse & liquide, l'eau ne tendant qu'à la dégraisser & à diminuer sa bonté. On y mêle quelquefois un sixième de tuileaux pilés. Bélidor préfère la terrasse de Hollande, ce qui fait, dit-il, le mortier le plus parfait qu'il soit possible d'imaginer pour les édifices aquatiques. Une des qualités remarquables de ce mortier, est de ne gerser ni éclater, lorsqu'il est employé pendant les mois d'Avril, Mai, Juin & Juillet.

Un autre mortier encore très-bon, est celui qui est fait de chaux mêlée avec la même pierre qui a servi à faire la chaux, concassée & pulvérisée.

Dans les pays où la bonne chaux est rare, on emploie de trois sortes de mortier. La première, faite de la meilleure chaux, qu'on appelle bon mortier, sert aux ouvrages de conséquence. La deuxième, faite de la plus mauvaise chaux, qu'on appelle mortier blanc, sert dans les massifs & dans les fondations ; & la troisième, faite du mélange des deux autres, sert dans les gros murs & dans ceux de moyenne conséquence, mais jamais aux ouvrages dans l'eau.

Le moyen de faire prendre le mortier très-promptement, suivant quelques-uns, est de détremper de la suie de cheminée dans de l'urine, & de la mêler avec l'eau qui sert à corroyer le mortier : mais le sel ammoniac, dissous dans cette même eau, a bien plus de vertu, & le fait prendre aussi promptement que le plâtre ; ce qui est d'un grand avantage dans les pays où il est rare.

Une manière de faire de bon mortier, suivant M. Loriot, est de mêler un tiers de chaux vive avec deux tiers de mortier ordinaire. Ce mortier prend & s'endurcit si promptement, qu'il a pu, dit-il, en faire des vases dont la matière est très-dure. Avec une partie de brique pilée, passée au sas, deux parties de sable fin de rivière, passé à la claie, une partie de chaux vieille éteinte, & le quart du tout en chaux vive, il a fait un mastic propre à contenir les eaux d'un bassin.

Un Amateur propose un excellent mortier, fait avec le mélange de deux tiers de sable & un tiers de chaux vive plongée dans l'eau à plusieurs reprises. Corroyé & employé aussi-tôt, ce mortier, dont la chaux contient encore toute sa vertu, a bien plus d'action dans les murs que celui dont la chaux a perdu une grande partie de ses esprits par l'eau & les opérations ; le même Auteur a imaginé une composition de granit, dont il promet la connoissance au Public lorsqu'il en aura fait faire la statue du Roi.

Le mortier, quel qu'il soit, dit Vitruve, ne peut se lier, faire corps ni bonne liaison dans les murs, s'il ne reste quelque temps humide : s'il est prompt à sécher, le grand air dissipe ses esprits & lui ôte ses facultés : si au contraire il est lent à sécher, il a le temps de pénétrer dans les pores de la pierre & de s'y endurcir ; ce qui fait que les ouvrages en terre, long-temps humides, ont bien moins besoin de chaux que les autres ; car une petite quantité de chaux fait autant d'effet pendant un long temps qu'une grande dans peu de temps. C'est pour cette raison que les Anciens préféroient les gros murs, parce qu'ils étoient long-temps humides, & en conséquence s'endurcissoient davantage.

Il faut éviter, autant qu'il est possible, de faire le mortier à découvert, une abondance de pluie lui étant préjudiciable, comme aussi de l'employer pendant les gelées & même avant, lorsqu'on peut craindre qu'il n'ait pas assez de temps pour sécher. Le froid, glaçant l'eau qu'il contient encore, amortit ses esprits, fait renfler & fendre les murs de tous côtés, au point que, n'ayant plus de corps, ils se désunissent & tombent par éclats ; raison pour laquelle on cesse toujours les bâtimens en hiver & avant les gelées, lorsqu'on a lieu de les craindre.

Du Plâtre.

Le plâtre, du grec πλαϛηρ, propre à être formé est d'une propriété très-avantageuse dans les bâtimens. Cette pierre étant cuite, se suffit à elle-même ; &, avec un peu d'eau, s'endurcit & fait corps sans aucun secours. La principale vertu qu'il acquiert par le feu, est non seulement de se lier lui-même, mais aussi de lier ensemble tous les corps qu'il approche, & de s'unir intimement à eux en très-peu de temps. La promptitude de son action le rend si essentiel & si nécessaire, qu'on ne peut trouver de matière plus utile, & qu'on ne peut, pour ainsi dire, s'en passer ni le remplacer dans la construction.

La pierre propre à faire le plâtre se trouve, comme les autres, dans le sein de la terre, se calcine au feu, blanchit & se réduit en poudre après sa cuisson. Il en est de trois sortes : la première, d'un jaune luisant, transparente & feuilletée, est parfaite ;

étant

étant cuite, elle devient très-blanche ; & employée, le plâtre en est si fin, beau & luisant, qu'on le réserve pour les figures & ornemens de sculpture, ainsi que pour les modèles. La deuxième, blanche & remplie de veines transparentes & luisantes, est très-bonne. La troisième, plus grise, est préférée par les Chaufourniers, comme moins dure à cuire. Il y a des provinces où elle est très-rare ; & d'autres où elle est très-commune. Les carrières de Montmartre, de Belleville, de Charonne, de Meudon, de Châtillon, d'Anet sur Marne, & autres lieux qui en fournissent à Paris & dans les environs, sont très-abondantes.

La manière de faire cuire la pierre à plâtre consiste à lui communiquer une chaleur capable de la dessécher peu à peu, & de faire évaporer l'humidité qu'elle renferme. Pour y parvenir, il faut arranger les pierres dans le fourneau, *fig.* 3, 4 & 5, & en former plusieurs voûtes A A, assez près les unes des autres pour contenir autant de foyers ; approcher près d'elles d'abord les plus grosses, ensuite les moyennes, & enfin les petites, jusqu'à une certaine élévation ; en sorte que la chaleur ait toujours une action égale & proportionnée à leur volume. Il faut faire attention que le plâtre soit assez cuit, & point trop ; car d'un côté il n'a pas pris assez de qualité, & est aride & sans liaison ; & de l'autre il a perdu ce que les ouvriers appellent l'*amour du plâtre*. On le connoît aisément à son onctuosité, & lorsqu'en le maniant on y sent une espèce de graisse qui s'attache aux doigts, la seule qualité qui le fasse prendre, durcir promptement, & faire bonne liaison.

Le plâtre, une fois cuit, doit être pulvérisé & employé aussi-tôt ; sans quoi le soleil l'échauffe & le fait fermenter, l'humidité en diminue la force, l'air en dissipe les esprits, & il devient mou & sans onction, ce qu'on appelle *éventé*. Lorsqu'on ne peut l'employer sur le champ, comme dans les pays où il est fort cher, on le conserve encore long-temps bon dans des tonneaux bien fermés, placés dans des lieux secs & à l'abri des ardeurs du soleil.

Si pour quelques ouvrages de conséquence on avoit besoin de plâtre de la meilleure qualité possible & parfaitement cuit, il faudroit pour lors choisir dans le fourneau le meilleur & le mieux cuit, & le mettre à part avant que les Chaufourniers aient mêlé & confondu le tout ensemble, suivant leur coutume.

Le plâtre se vend onze à douze livres le muid, contenant vingt-sept pieds cubes en trente-six sacs, rendu sur l'atelier.

Pour employer le plâtre, on le délaye, ce qu'on appelle gâcher, avec de l'eau seulement à peu près par égale portion, plus ou moins cependant, suivant les occasions. On met dans l'auge d'abord la quantité d'eau nécessaire, ensuite le plâtre par pellée, l'étendant peu à peu & promptement jusqu'à ce qu'il joigne la surface de l'eau ; ensuite on le remue avec la truelle & on le broye parfaitement, jusqu'à ce qu'il soit humecté par-tout également. Lorsque les ouvrages exigent une certaine solidité,

& que le plâtre prend promptement, on y met peu d'eau, ce qu'on appelle gâcher serré ; on l'emploie alors par truellée, le jettant à poignée sur les murs & y passant la truelle par-dessus. Lorsque ces ouvrages exigent des précautions & que pour cela le plâtre prend lentement, on met un peu plus d'eau, ce qu'on appelle gâcher clair ; on l'employe aussi par truellée & poignée ; alors, étant long à s'endurcir, il laisse le temps de faire l'ouvrage suivant les sujétions nécessaires. Lorsque les parties ont de l'étendue, comme les enduits & crépis, on met encore plus d'eau, ce qu'on appelle gâcher liquide ; on l'emploie par aspersion avec le balai de bouleau & à diverses reprises : le plâtre étant pour lors très-long à prendre, donne le temps de l'étendre avec la truelle sur de grandes surfaces. Enfin, lorsque ce sont des cavités où l'on ne peut introduire le plâtre à la main, on y met beaucoup d'eau, ce qu'on appelle plâtre coulé ou coulis de plâtre ; on l'emploie en effet en le coulant comme l'eau dans les cavités, jusqu'à ce qu'elles soient remplies.

Il faut aussi éviter, comme au mortier, de l'employer en hiver & pendant les gelées. L'eau qui a servi à le gâcher, se glace, affoiblit ses sels, & lui ôte toute l'onction & la vertu qu'il avoit de s'endurcir & de lier les murs ensemble ; en sorte qu'ils ne sont aucunement solides & ne peuvent être de longue durée.

Du Plâtre, relativement à ses qualités.

On appelle plâtre cru, la pierre qui sert à faire le plâtre, lorsqu'elle n'a pas encore été cuite. On l'emploie quelquefois comme moëllons ; mais alors c'est un moëllon de mauvaise qualité.

Plâtre cuit, celui qui sort du four & est encore en pierre.

Plâtre battu, celui qui a été écrasé sous la batte, pilé & réduit en poudre.

Plâtre blanc, celui qui a été râblé & dont on a extrait tout le charbon qui pouvoit le noircir ; précaution nécessaire pour les ouvrages qui exigent de la propreté.

Plâtre gris, celui qui n'a pas été râblé, étant destiné aux ouvrages de maçonnerie de peu de conséquence.

Plâtre gras, celui qui, étant cuit, est doux, onctueux, & facile à employer.

Plâtre vert, celui qui, n'ayant pas été assez cuit, se dissout en l'employant, se gerse, tombe & fait une mauvaise construction.

Plâtre humide, celui qui, ayant été exposé à la pluie ou à l'humidité, a perdu la plus grande partie de ses sels.

Plâtre éventé, celui qui, ayant été trop long-temps exposé à l'air après avoir été pulvérisé, a de la peine à prendre & à s'endurcir.

Du Plâtre, relativement à ses façons.

On appelle gros plâtre, celui qui a été concassé grossièrement & que l'on destine pour les gros murs de moëllons ou les hourdages de cloisons.

Plâtre au panier, celui qui, après avoir été passé à travers un panier à claire-voie, est à demi-fin.

Plâtre aux sas, celui qui a été passé à travers un tamis clair & fin.

Du Plâtre, relativement à son emploi.

On appelle plâtre gâché serré, celui qui est le moins abreuvé d'eau pour les parties qui ont besoin de solidité.

Plâtre gâché clair, celui qui est un peu plus abreuvé d'eau pour les corniches, cimaises, &c.

Plâtre gâché liquide, celui qui est abreuvé de beaucoup d'eau pour les enduits & crépis.

Plâtre coulé ou coulis de plâtre, celui de tous qui est le plus abreuvé d'eau pour couler dans les cavités où l'on ne peut en introduire d'autre.

Du Blanc en bourre.

Dans les pays où le plâtre est rare, on fait les enduits avec une espèce de mortier composé de lait de chaux & de sable fin le plus blanc possible, mêlé de bourre ou poil de bœuf, qui lui donne liaison, ce qu'on appelle communément blanc en bourre. Ce mortier, appliqué, comme le plâtre, sur les murs, corniches & saillies d'architecture, n'est pas si dur, mais, bien mis en œuvre, ne laisse pas que d'avoir une certaine solidité, & est bien moins sujet à se fendre & se gerser.

Des Excavations des terres, & de leur transport.

Par le mot d'excavation, l'on entend non seulement les fouilles des terres pour la fondation des murs, mais encore celles qui sont nécessaires pour applanir les emplacemens destinés aux terrasses, jardins, cours, avant-cours, basse-cours, &c.: car il est rare de trouver, pour bâtir, des terreins qu'il ne faille remuer relativement aux objets qu'on se propose.

L'excavation des terres & leur transport étant des objets importans dans la construction des édifices, on peut dire que rien n'exige plus d'attention. Sans une grande expérience à ce sujet, on multiplie les frais sans s'en appercevoir. D'un côté, pour n'avoir pas assez amassé de terres, on est obligé d'en rapporter par de longs circuits; de l'autre, pour en avoir trop apporté, quelquefois près de l'endroit d'où on les avoit tirées, on est obligé de les transporter de nouveau; de sorte que ces terres, remuées plusieurs fois, augmentent la dépense.

La qualité du terrein, l'éloignement des transports, la vigilance des chefs & des ouvriers, le prix des journées, les outils nécessaires & leur entretien, les relais, le soin d'appliquer la force & la diligence, la saison même, sont autant de considérations qui exigent une intelligence consommée, pour prévenir les inconvéniens qui peuvent se rencontrer.

La manière la plus économique est, 1°. que les payemens soient à la toise cube, tant pour éviter les détails, que pour l'accélération des ouvrages: 2°. que les transports soient le moins éloignés possible: 3°. d'employer les moyens les plus convenables, suivant la situation des lieux. Ces moyens sont de trois sortes, par voitures, par somme ou par hotte, brouette & banneau. Ces derniers sont dispendieux. Lorsque le terrein est élevé, les voitures ne peuvent aborder que par des chemins pratiqués en zigzag, pour en adoucir les pentes, qui est cependant la meilleure manière & la plus en usage.

Il y a deux manières de dresser les terreins; l'une de niveau, & l'autre suivant leur pente naturelle. La première, qui fait partie des Sciences Mathématiques, se fait par le secours du nivellement, le seul moyen par lequel on puisse connoître sûrement les surfaces qu'il faut applanir. La deuxième consiste seulement à raser les buttes, & à remplir les cavités avec la terre qui en provient. Lorsque les excavations sont étendues, on a soin de laisser des témoins jusqu'à la fin des travaux, pour constater la hauteur des déblais ou remblais: celles pour la fondation des bâtimens se font de deux manieres; l'une dans toute l'étendue du terrein, lorsqu'on a dessein d'y construire des caves; & l'autre, seulement par tranchées.

Des Droits.

Les nivellemens & plantations des bâtimens quelconques doivent être précédés, avant tout, de l'acquit des droits établis, sans quoi l'on s'expose à des frais & amendes taxées par les Ordonnances. Le premier est le droit d'alignement: le deuxième est celui de placer des barrieres; & le troisième est celui des saillies.

On ne peut planter ni édifier sur le devant des rues & places publiques des villes ou villages, sans la permission du Roi & de son Voyer. En payant pour la ville vingt-une livres six deniers, on reçoit la permission de bâtir, & un alignement relatif à la direction des rues ou aux vues publiques projetées.

La permission & l'alignement reçus, l'on paye neuf livres pour le droit de placer des barrières pour clore l'emplacement destiné à bâtir, afin d'éviter les accidens qui pourroient arriver pendant la nuit, & le préserver des gens mal intentionnés. Ces barrières se placent ordinairement à six pieds du mur de face, & sont composées de châssis en charpente de neuf à dix pieds de hauteur, recouverts de planches séparées, de portes charretieres pour la facilité du service.

Les saillies se payent quatre livres pour chaque espèce de petites saillies, & plus pour chaque espece de grandes.

Des Nivellemens.

Le nivellement est une opération qui consiste à renvoyer des niveaux autour de l'édifice sur des parties immuables, & à les indiquer par des lignes ou repairs, qui, tous de même niveau, puissent servir à déterminer les pentes pour l'écoulement des eaux,

relativement à celles déjà obſervées dans les environs ; les profondeurs de caves , les hauteurs de
ſols & de planchers comparées entre elles , & géné-
ralement toutes les hauteurs des parties de bâtiment.

Les nivellemens ſe font avec des niveaux de
différentes ſortes : le plus ſimple eſt le niveau à
bouteilles, *fig.* 6 ; c'eſt une eſpèce de canon A, le plus
ſouvent de fer-blanc , d'environ un pouces de diamètre ſur quatre pieds de long, recourbé par chaque
bout avec une phiole ou portion de tube de
verre BB, de trois ou quatre pouces de longueur,
maſtiquée avec le fer-blanc.

Pour en faire uſage, on le monte ſur un pied à
trois branches C, poſées ſolidement ſur terre en D,
fig. 7. & le plus de niveau poſſible. On verſe dans
l'une des phioles B , de l'eau communiquant à l'autre
phiole B , juſqu'à peu près au milieu de chacune
d'elles. On aligne enſuite les deux phioles, ainſi
que la ſurface des deux eaux, vers l'objet que l'on
veut fixer en E & F, où l'on fait placer un homme
avec un jalon de mire G, pour l'exhauſſer ou le
baiſſer , juſqu'à ce que la ligne H, fixée ſur la mire,
ſoit où l'inſtrument l'indique : ceci fait , on renvoie
ſur la murs I I la ligne G de la mire. On en fait
autant en pluſieurs places , où l'on prévoit qu'il en
ſera beſoin , tournant l'inſtrument ſur ſon pivot
ſans en déranger le pied. Tous ces points, fixés
ainſi , doivent ſe trouver de même hauteur &
niveau. Lorſqu'il y a des murs K qui interrompent
l'opération & empêchent de prolonger les nivellemens, on place l'inſtrument de l'autre côté en L, & on
l'ajuſte ſur l'un des points déjà fixé en F, qui peut
être vu de la nouvelle poſition. On continue l'opération comme auparavant , tournant l'inſtrument
ſur ſon pivot, en fixant de même des points MM
avec les jalons de mire. La différence des deux
niveaux EE & MM ſe trouvant indiqué en F,
ſe renvoie à chacun des nouveaux points MM,
pour y établir un ſeul niveau général.

Le niveau à bulle eſt ou à pinnule , ou à lunette.
Cet inſtrument, plus correct & plus commode que
le précédent, ſe monte ſur le même pied. Il eſt
compoſé d'un tube fermé, rempli d'eſprit-de-vin,
dans lequel on a réſervé une bulle d'air qui ſert à
faire connoître le niveau. Ce tube eſt fixé ſur l'inſtrument, de manière que les lunettes ou pinnules
ſont dans un niveau parfait avec lui, & ſervent à les
renvoyer de la même manière qu'avec le précédent
inſtrument, tournant auſſi à pivot ſur ſon pied ſans
être dérangé pour chaque opération. On peut en
voir une deſcription plus étendue dans l'Art des
Inſtrumens de Mathématiques de Bion.

De la Plantation des Bâtimens.

L'art de planter eſt une eſpèce de planimétrie
dirigée par les Mathématiques, qui exige de l'expérience & des ſoins dans l'exécution, ſi l'on veut
éviter les doubles emplois qui conſtituent en dé-
penſes inutiles.

L'emplacement, donné ici pour exemple, *Pl.* XI,
fig. 1 , qui eſt celui deſtiné à exécuter l'édifice repré-

ſenté par les figures des planches XII, XIII & XIV,
étant diſtribué par-tout en caves, à l'exception
d'une principale cour, il faut une excavation preſque
générale , un peu plus grande pour l'aiſance de la
bâtiſſe, d'environ onze pieds de profondeur, qui eſt
celle qu'elles doivent avoir, en y joignant l'épaiſſeur des voûtes recouvertes de terre & de pavés
ou carreaux.

Avant que de tracer ſur le terrein, il faut un
plan, ſur lequel ſoient marquées, tant en largeur
qu'en profondeur, toutes les dimenſions générales
& particulières, ce qu'on entend par plan coté,
tel que repréſente la *fig.* 3 , *Pl.* XIV, afin d'éviter
d'avoir toujours le compas à la main, & de faire
des erreurs. Ce plan en petit repréſente le même en
grand dans toutes ſes proportions, & ſert à diriger
dans la conſtruction. On l'accompagne vers le bas,
d'une meſure appelée *échelle*, diſtribuée de toiſes,
pieds & pouces, auſſi en égales proportions, ſur
laquelle on rapporte les dimenſions, pour en connoître la juſte valeur. Ces plans ſe renouvellent à
chaque étage, lorſque les dimenſions changent. On
fait auſſi des coupes, *Pl.* XIII, *fig.* 1 , pour diriger
les hauteurs ; des élévations, *fig.* 1 , *Pl.* XII, pour
diriger les détails de décoration extérieure, &
d'autres deſſeins, ſuivant les beſoins.

Pour tracer l'excavation de l'édifice, *fig.* 3, *Pl.* XIV,
il faut, avant tout, prendre pour baſe l'alignement
donné par le Voyer, fixé ici ſur deux petits maſſifs
en maçonnerie 1 & 2, appelés repairs, ſur laquelle
on établit une ligne 3 - 4 devant ſervir d'axe principal. Cette ligne eſt oblique ſur la baſe, lorſque
le terrein eſt irrégulier. Ici elle eſt perpendiculaire
ſur la baſe, & marquée ſur deux pareils repairs ſolides,
qu'on laiſſe, comme les précédens, juſqu'à ce que
les murs ſoient aſſez élevés pour n'en avoir plus
beſoin. On place de ces ſortes de repairs par-tout
où il en faut, lorſque l'édifice eſt d'une aſſez grande
importance, & qu'il doit durer un certain temps à
conſtruire, étant moins ſujets que les autres à être
dérangés ou perdus. Sur la baſe principale & parallèlement à l'axe 1 - 2, on marquera les lignes doubles
5 - 6 & 7 - 8 pour l'épaiſſeur des deux murs
mitoyens A & B, en obſervant ſix pouces d'épaiſſeur de plus par chaque côté intérieurement de
celui de la cave de devant, pour porter la retombée
de la voûte ; épaiſſeur qui doit être priſe en totalité
ſur le terrein de celui à qui appartient la cave, &
non ſur celui du voiſin ; & enſuite les lignes
doubles 9 - 10 & 11 - 12 pour l'épaiſſeur des
murs C & D, qui doivent porter les cloiſons des
grands eſcaliers ; celles 13 - 14 & 15 - 16 pour les
murs E & F, & G & H ; celles 17 - 18 & 19 - 20
pour les murs I & K ; celles 21 - 22 & 23 - 24
pour les murs L & M, toutes parallèles entre elles.

Parallèlement à la baſe principale, on marquera
la ligne double 25 - 26 pour le mur mitoyen du
fond NN, obſervant une épaiſſeur pour l'avant-
corps du milieu, & deux autres de ſix pouces aux
extrémités, pour porter la retombée des petites
voûtes ; enſuite les lignes doubles 27 - 28 & 29 - 30
pour les murs O & P ; celles 31 - 32 & 33 - 34

pour les murs Q & R; celles 35-36 & 37-38 pour les murs S & T; celles 39-40 & 41-42 pour les murs U & V; celle 43-44 pour le mur X; celle 45-46 pour les murs Y & Z: les lignes 47-48 & 49-50, pour les pans coupés & & &, se posent après l'excavation faite, ne pouvant se marquer sur un terrein qui doit être excavé, ainsi que celles pour les murs d'échiffre des escaliers a a, parallèles à ceux de la cage.

L'excavation ainsi tracée, *fig. 1, Pl.* XI, on fouille en pente douce, à peu près d'un pied ou deux par toise, de manière à faire descendre les voitures jusqu'au fond de l'excavation; d'abord au milieu de A en B, ensuite en deux parties de droite & de gauche de C en D & de C en E; puis, en retournant d'équerre, de D en F & de F en G, tel que le représentent les figures. La figure 2 coupe sur la ligne A B, la figure 3 coupe sur la ligne D E, & la figure 4 coupe sur la ligne A H. L'excavation ainsi préparée jusqu'à l'extrémité de l'emplacement, on fouille la tranchée H pour le mur de clôture de la cour principale. D'abord on prépare le sol des caves en I, *fig. 5*, formant une banquette K, sur laquelle on jette les terres qui proviennent du fond, on creuse la tranchée jusqu'au bon terrein L, *fig. 6*, le sol des caves I servant alors de première banquette, & celle K de deuxième. On continue de suite, *fig. 7*, faisant de nouvelles tranchées M où il en est besoin, en suivant la même méthode; & lorsqu'en approchant du devant A, *fig.* 8, le terrein B devient trop élevé pour pouvoir y jeter les terres, on fait des banquettes intermédiaires O O, *fig.* 9, on fouille les tranchées Q Q jusqu'au bon terrein pour les murs mitoyens latéraux, le sol des caves I servant de première banquette, celles O O de deuxième, & celles C de troisième. On continue la fouille jusqu'au sol des caves I, *fig.* 10. On baisse enfin la dernière banquette C, & lorsqu'elle devient trop basse pour pouvoir y jeter les terres, on construit, *fig.* 11, un petit échafaud de boulins S & de planches T, pour servir de banquette intermédiaire, sur laquelle on jette les dernières terres, & de cette manière on parvient à faire approcher les voitures tout près des fouilles, & on évite les longs circuits, qui deviennent très-dispendieux.

Il est quelquefois indispensable d'étayer les terres, pour les empêcher de s'ébouler, sur-tout lorsqu'elles sont mouvantes & sablonneuses, en appliquant dessus des madriers de part & d'autre, étrésillonnés par des boulins ou pieces de charpente mises en travers & forcées entre eux.

L'excavation faite, on pose les fondemens, *fig.* 3, *Pl.* XIV, comme il est représenté par les *fig.* 1 & 2, *Pl.* XV. On remplit les tranchées d'abord avec les plus gros moëllons, ou mieux encore, avec une première assise de libage bien gissante A A, & l'on éleve

la maçonnerie B B entre deux cordeaux C C avec mortiers. Les fosses d'aisance b, *fig.* 1, 2 & 3, *Pl.* XIV, voûtées au niveau des caves e e avec cheminées(1)c pour la descente des matières, & ouvertures d pour les vidanges. A quelques pouces au dessous du sol des caves e e, on pose les premières assises en pierres, des chaînes où il en est besoin pour porter le poids des poutres & planchers, des arcs f f représentés par les figures 3 & 4, pour lier les voûtes, qui, à cause de leur trop grande longueur, n'auroient pas assez de solidité; les piédroits g g, dosserets h h & soupiraux i i, qui, n'ayant pas assez de force en moëllons pour se défendre des chocs auxquels ils sont exposés, se détruiroient peu à peu. On éleve ensuite les murs entre deux cordeaux, posant à mesure les assises de pierre f f & h h, & remplissant les intervalles C D, E F, G H, &c. en maçonnerie, le tout bien à plomb & de niveau dans toute la surface du bâtiment. On pose les plates-bandes k k des portes, & l'on arrase jusqu'à la retombée l l des voûtes. Ainsi fait, on pose les ceintres A A, *fig.* 5 & 6, on les garnit de moëllons en plâtre B B, pour leur donner la forme circulaire, & l'on bande les arcs C C. Autrefois on plaçoit des madriers D D étroits & forts entre les arcs C C & les ceintres A A, allant de l'une à l'autre sous toute la largeur développée des voûtes, pour les construire; ce qui en exigeoit une très-grande quantité. On a depuis quelque temps aboli cet usage, en les liant avec le plâtre, qui prend à l'instant; & l'on fait la même chose, *fig.* 7 & 8, avec deux ou trois de ces madriers D D, en les posant sous les arcs C C, après en avoir ôté les ceintres, les forçant d'étrésillons E E à chaque rang de voussoirs, & à mesure que l'on construit les voûtes. On choisit pour voussoirs, des moëllons plats, forts & minces d'un côté, que l'on pose sur les madriers D D, faisant tendre les coupes au centre de la voûte, calant, fichant & remplissant les joints de plâtre & pierrailles.

On fait aussi de la même manière des voûtes légeres en briques posées debout (2) ou de champ (3), qui ne sont solides qu'autant qu'elles sont surmontées (4), ou au moins en plein ceintre; mais on ne peut se dispenser de les maçonner en plâtre, qui a l'inconvénient de pousser les murs au dehors. Le mortier n'a pas cet inconvénient; mais il en a un plus grand, d'être fort long à sécher, & d'être peu solide dans les murs & voûtes minces. Quelques-uns, pour enchérir sur l'économie ou montrer du nouveau, ont imaginé de faire des voûtes avec des briques posées de plat, & de les doubler; mais cette nouveauté, quoiqu'en usage en Provence, n'a pas eu un grand succès, & a été peu applaudie par les Artistes. Voyez à ce sujet le Traité de M. le Comte d'Espi.

Avant que de fermer entièrement les voûtes, il

(1) Les cheminées d'aisance sont les ouvertures pour la descente des matières.

(2) Une brique est posée debout, lorsque sa plus grande dimension est verticale.

(3) Une brique est posée de champ, lorsque sa moyenne dimension est verticale.

(4) Une voûte est surmontée, lorsque son rayon vertical est plus long que son rayon horizontal.

faut faire attention d'élever les murs au delà des naiſſances I I (*fig.* 1 & 2 , *Pl.* XIV), & juſqu'à cinq à ſix pouces au deſſous du niveau des rez de chauſſée m m , pour en conſerver les aplombs, continuant en pierres les chaînes & ſoupiraux ſeulement.

Les voûtes une fois fermées, on les couvre de décombres & de ſable n , pour boire les eaux du ciel, juſqu'à ce que le bâtiment ſoit couvert : les pluies qui tombent continuellement ſur les voûtes, s'y inſinuent, les tiennent toujours humides, & les empêchent de ſécher & faire corps ; ce qui fait que quelques-uns ne voûtent que lorſque le bâtiment eſt entièrement couvert. Autre inconvénient , les caves non voûtées empêchent le ſervice, & les pluies tombant au fond , pourriſſent les fondemens ; de ſorte que le meilleur parti eſt de les charger & en endurcir la ſurface de manière à former un écoulement aux eaux, & d'élever promptement , pour couvrir le plus tôt poſſible, ou de paver proviſionnellement, ſi le bâtiment doit reſter long-temps à découvert. Comme les bâtimens ſe font toujours en été, où les mauvais temps ſont rares, on s'arrange, autant qu'il eſt poſſible, pour être en état de les couvrir avant l'hiver.

Les eſcaliers de cave (*fig.* 9) ſe montent quelquefois après coup, mais mieux avec leurs murs de cage & d'échiffre. Toutes les marches A A étant en pierre, ſe ſcellent & ſe garniſſent plus facilement, & les murs faits en même temps ſont plus ſolides. Pour les conſtruire, on diviſe ſur une règle B la quantité des marches & leur eſpace en hauteur ; & ſur une autre C , la même quantité & leur eſpace en largeur, & à chaque marche (*fig.* 10) que l'on poſe, on préſente les deux règles ; la première B, pour en fixer la hauteur, & la deuxième C, pour en fixer la largeur. Ces marches ſe poſent l'une ſur l'autre, & ſont appuyées, par leurs extrémités, d'un côté ſur le mur de cage D, & de l'autre ſur celui d'échiffre : mais mieux encore & plus ſolidement ſur une petite voûte en maçonnerie E E, pratiquée deſſous, formant un caveau F ; la dernière faiſant marche palière (*fig.* 11), les unes & les autres délardées par-deſſous G.

Les ſoupiraux (*fig.* 12), coupe (*fig.* 13), plan (*fig.* 14), élévation intérieure, & (*fig.* 15) élévation extérieure, ſe font toujours en pierre à pluſieurs aſſiſes A A, avec ouverture B par le haut, pour procurer de l'air aux caves, fermées ſouvent d'une grille ou barre de fer pour la ſûreté.

Les puits circulaires (*fig.* 16, 17, 18 & 19) ou ovales, que l'on conſtruit en même temps que les murs, ſe placent au dehors ou au dedans des bâtimens, iſolés ou pris dans l'épaiſſeur des murs de face, de refend ou mitoyens. On les fonde à cinq ou ſix pieds au deſſous de la nappe d'eau, après en avoir épuiſé l'eau, en poſant un rouet de charpente A A, ſurmonté de maçonnerie B B en moëllon juſqu'au rez de chauſſée, où l'on élève

une margelle C C en pierre dure. On les élève quelquefois ſeulement juſqu'au ſol des caves, & alors on y poſe des pompes pour en élever l'eau avec un balancier placé dans le lieu le plus commode des cours ou baſſes-cours.

Les murs élevés au rez de chauſſée, on vérifie les alignemens d'après les repairs plantés autour de l'édifice, & on les élève au delà, conſtruiſant en pierre les faces extérieures (*fig.* 1, *Pl.* XII,), quelquefois celles intérieures (*fig.* 1, *Pl.* XIII) ; mais au moins les aſſiſes de la retraite o o, une partie des tableaux de portes p p ou croiſées q q, les piédroits r r & trumeaux s s qui ſeroient trop foibles en maçonnerie ; & l'on continue ainſi juſqu'au premier plancher, obſervant les vides de portes f, de croiſées u , de boutiques v , de remiſes x , &c. repréſentés dans la planche XV par les figures 20 & 21, 22 & 23, 24 & 25, dont on bande les arcs ou plates-bandes A A, auſſi en pierre, ſur les piédroits B B avec les ceintres C C, en place, deſquels, par économie, l'on applique des potreaux (1) & linteaux (2). On poſe des gargouilles, bornes & (*Pl.* XII, XIII & XIV), bancs de pierre où il en faut, avec maſſif de maçonnerie deſſous, des feuils aux portes, des appuis Z, des balcons en baluſtrades b , ou en entrelas aux croiſées ; enfin des parpins c ſous les cloiſons de refend d , repréſentés dans la planche XV par les figures 26, 27 & 28, fig. 29, 30, 31, 32 & 33, fig. 34 & 35, & enfin fig. 36. Arrivé à la hauteur des entreſols, on poſe le premier plancher, on en lie les pièces dans les murs avec des liens & étriers de fer, les murs de faces avec des chaînes, tirans & ancres à la hauteur de chaque plancher, & l'on continue ainſi juſqu'aux combles, ſcellant les planchers à meſure que les Charpentiers les poſent & élèvent les cloiſons. Si le bâtiment ne peut être couvert avant l'hiver, il faut prévenir les gelées, & couvrir les murs à force de paille ou paillaſſons, & mieux encore avec un lit de paille & des décombres par-deſſus juſqu'après l'hiver, ainſi que toutes les pierres qui ſont ſur l'atelier, afin qu'encore empreintes des humidités de carrières, elles ne ſoient point expoſées à la gelée. Si la belle ſaiſon n'eſt pas trop avancée, on fait les légers ouvrages.

Des légers Ouvrages.

Tous les ouvrages en plâtre, qui ne ſont point gros murs ou maſſifs, ſont réputés *légers ouvrages*, & ſe payent ordinairement 10 liv. & 10 liv. 10 ſols la toiſe ſuperficielle. Les uns, hourdés, s'appliquent aux cloiſons, planchers, eſcaliers & poteries. Les autres, enduits, s'appliquent aux plafonds, corniches, ſaillies, & aux ſurfaces de murs, portes & croiſées.

Les cloiſons ſe font en charpente ou en menuiſerie. Les premières en I (*Pl.* XII & XIII), de ſix,

---

(1) Les potreaux ſont de petites poutres élevées au deſſus des grands vides, qui portent des murs trumeaux ou autres charges.

(2) Les linteaux ſont de petites ſolives élevées au deſſus des portes & croiſées, pour rapporter la maçonnerie ſupérieure.

sept ou huit pouces d'épaisseur, sont de deux sortes. Les unes à bois recouverts, représentées par la figure 1 & 2 (*Pl.* XVI), hourdées, pleines & enduites, ou bien creuses & enduites, sont formées de poteaux A A, décharges BB & tournisses CC, espacées des quatre à la latte; c'est-à-dire, de façon qu'une latte, fixée à environ quatre pieds de longueur, puisse embrasser quatre poteaux assemblés dans la sablière du haut D D qui porte les solives E E du plancher, & dans la sablière du bas F F posée sur un parpin de pierre dure G G, de deux pouces d'épaisseur plus que la cloison élevée sur la maçonnerie des murs H H. Les deux sablières arrêtées avec les autres parties de charpente, de liens, étriers, tirans & ancres de fer contournés suivant les places, on attache sur les poteaux & tournisses des lattes I I en liaison de chaque côté, éloignées entre elles de cinq à six pouces, qu'on appelle *claire-voie*, & l'on garnit l'intervalle en pierrailles, plâtras (1) & gros plâtre gaché, ce qu'on appelle *hourdage*; & sur les lattes, on applique une première couche de plâtre gaché passé au panier, ce qu'on appelle *crépis*; & ensuite une deuxième couche passée au sas ou tamis, ce qu'on appelle *enduit*. Cette dernière est gachée très-claire, & s'applique avec un balai de bouleau plongé à diverses reprises dans le plâtre liquide, & sur lequel on passe la truelle, pour l'unir à mesure qu'il devient dur; & lorsqu'il commence à l'être, on passe le riflard çà & là en tout sens; d'abord par le côté brételé, & ensuite par l'autre, pour en dresser la surface. Lorsqu'on fait les cloisons creuses, on attache les lattes I I tout près les unes des autres, ce qu'on appelle à *lattes jointives*, laissant vide l'intervalle des bois, & l'on applique dessus les crépis & enduits en plâtre comme à la précédente. Les premières ont l'avantage d'assourdir les pièces & empêcher la voix d'en traverser l'épaisseur, ce que n'ont point les autres, à travers lesquelles les maîtres sont entendus des domestiques.

La deuxième sorte de cloison à bois apparens (*fig.* 3 & 4), est aussi composée de poteaux A A assemblés dans la sablière du haut B & dans celle du bas C, ayant chacun & de chaque côté des rainures D D, entre lesquelles on fixe des petits ais E E hachés & garnis de clous ainsi que les poteaux, & l'on remplit l'intervalle de plâtras & plâtre, qui s'accrochent dans les hachures & clous. Lorsque le garni a pris une certaine consistance, on le couvre de deux couches de plâtre semblables aux précédentes, jusqu'à la surface des bois, qu'on laisse apparens.

Les cloisons en menuiserie I I, de trois à quatre pouces d'épaisseur (*fig.* 5 & 6), sont, comme les précédentes, pleines ou creuses; mais au lieu de poteaux, on les fait en planches de bois de bateau A A ou de moindre valeur, fixées haut & bas dans les coulisses à rainures B B, attachées sur les plafonds & planchers. On les couvre, comme les autres, de lattes C C à claire-voie ou jointives, & ensuite de crépis & enduits en plâtre.

Les planchers I I I sont en général de trois sortes. La première, suivant l'ancienne méthode, est composée de poutres B B, sur lesquelles sont posées des solives simples C, solives d'enchevêtrure D D, & chevêtres E E portés sur les murs A A lattés par-dessus H H, à lattes jointives & recouvertes d'un air de plâtre I I, pour être par la suite carrelé ou parqueté, & le dessous des entrevoux K K, plafonné, c'est-à-dire, recouvert d'un enduit de plâtre. A ces planchers l'on réserve des intervalles vides G G, que l'on remplit de plâtras & plâtre soutenu de chevêtres de fer, sur une partie desquels on pratique des foyers au besoin; la sûreté publique & les loix exigeant qu'ils soient éloignés des bois & autres matières combustibles. Lorsque les planchers n'ont point de foyers ou qu'ils ne sont pas placés où on les désire, on est obligé pour lors de les poser sur les poutres & solives; ce qu'on ne peut faire sûrement & suivant la loi, qu'en les élevant au dessus du carreau avec un rang de briques d'épaisseur. Il arrive aussi quelquefois qu'on hourde ces planchers comme les cloisons & de la même manière, pour en intercepter le bruit, sur-tout lorsqu'on a dessein de les plafonner.

La deuxième espèce, suivant la nouvelle méthode, est composée seulement de solives C C plus fortes, méplates & posées de champ. On y joint, comme aux autres, des solives d'enchevêtrure D D & chevêtres E E, pour former des foyers & des linçoirs F F, pour éviter que quelques solives ne portent sur les vides ou parties foibles. Ces derniers, qui n'ont point de poutres, sont bien plus agréables à la vue; & les plafonds, qui ne sont point interrompus, sont plus susceptibles de peintures & de sculptures.

Lorsque les pièces sont très-vastes (*fig.* 11 & 12), ou que l'on veut économiser les petits bois, on est obligé d'employer les poutres B B : alors on les noye dans l'épaisseur des planchers, en les faisant doubles; la partie supérieure C C avec des bois forts pour porter le carreau ou parquet, & la partie inférieure *c c* avec des bois foibles pour porter le plafond L. On les compose, comme les autres, de solives C C, solives d'enchevêtrures D D, chevêtres E E, & linçoirs où il en faut, toutes pièces au niveau des poutres B B, & portées sur les lambourdes M M, fixées solidement sur les poutres B B & les murs A A. Le plancher inférieur est composé des mêmes pièces assemblées à tenons & mortoises dans les poutres, & à fleur par-dessous, sur lesquelles on applique le latis N & le plafond O, pour en égaliser l'épaisseur. On distribue les dimensions en conséquence, les solives supérieures à neuf pouces, les lambourdes à quatre pouces, & les solives inférieures à cinq pouces, faisant ensemble dix-huit pouces, hauteur des poutres : ou autrement, les solives supérieures à dix pouces, les lambourdes à cinq pouces, & les solives inférieures à six pouces, faisant vingt-un pouces, hauteur des poutres.

Les escaliers I V sont composés de rampes & de

---

(1) Les plâtras sont des morceaux de plâtre employé, provenant des démolitions.

paliers hourdés, lattés & enduits par-deſſous comme les cloiſons & planchers.

Les poteries pour les chauſſes d'aiſance V, repréſentées par la fig. 13, ſont compoſées de pluſieurs pots A A fournis par les Potiers de terre, emboîtés les uns dans les autres, garnis de plâtras & plâtre B B, & enduits par-deſſus, quelques-uns C doubles pour les ſiéges à mi-hauteur, & des ventouſes D pour l'évaporation continuelle du mauvais air.

Les enduits de portes VI & croiſées VII, repréſentés par les figures 14 & 15, ſe font avec plâtre paſſé au ſas. On fait les feuillleures A avec la règle B, les arêtes C C avec les règles D D, & les intervalles C C remplis de pareil plâtre mis avec la truelle & paſſé au riflard.

Les cheminées ſont priſes dans l'épaiſſeur des murs, ou adoſſées. Les unes occupent moins de place, & leurs tuyaux n'interrompent point la continuité des murs dans les pièces; auſſi ces murs, affamés par les vides qu'ils laiſſent, & conſéquemment moins ſolides, exigent des parties de chaînes en pierre, pour leur conſerver une liaiſon, & de quoi ſupporter le poids des planchers. Les autres IX, plus déſagréables à la vue, laiſſent aux murs toute leur ſolidité; ce qui eſt indiſpenſable pour les murs mitoyens, qui, ſuivant la loi, doivent être conſervés entiers. Ces cheminées, repréſentées par les figures 16 & 17, ſont compoſées de manteaux A B, de tuyaux C D, ou ſouches de pluſieurs tuyaux enſemble, de têtes (fig. 16), & quelquefois de faux tuyaux E, lorſqu'elles ſont dévoyées (1). Les manteaux ſont faits de deux petits murs A A, de cinq à ſix pouces d'épaiſſeur, conſtruits en plâtras & plâtre ou en briques liaiſonnées, & couverts d'une tablette B de même conſtruction, ſoutenue intérieurement d'une barre de fer pliée d'équerre, qu'on appelle auſſi *manteau*. Les tuyaux ſont faits de deux petits murs latéraux C C, & d'un autre de face D, appelés *languettes*, de trois pouces d'épaiſſeur en plâtre pigeonné (2), liées intérieurement de ſantons de fer (3), & mieux en briques liaiſonnées, pour prévenir les accidens du feu. Pour donner de la ſolidité à ces tuyaux & économiſer les languettes, on les adoſſe & on les groupe, ce qui forme ce qu'on entend par ſouche. On les ſurmonte de têtes (fig. 16), terminées de plinthe F, mitres G, & quelquefois de tuiles H poſées de bout triangulairement, pour faciliter l'évaporation de la fumée. Les faux tuyaux E, poſés ſur les manteaux faits ſeulement pour la repréſentation & pour ſupporter le parquet des glaces, ſont auſſi faits à languettes de plâtre pigeonné, ou en briques liaiſonnées, dont l'intervalle fermé eſt inutile.

Les corniches X ſervant, à l'extérieur, de couronnement à l'édifice, & dans l'intérieur, de bordures aux plafonds repréſentés par la figure 18, ainſi que les chambranles XI, moulures & ſaillies, ſe font le long de deux règles A & B, fixées, l'une ſur le mur & l'autre ſur le plafond, avec un calibre (fig. 19) découpé des moulures C C, dont la corniche doit être compoſée, montée & arrêtée ſur ſon châſſis ou ſabot D. Pour le fabriquer, on applique le plâtre liquide ſur les ſaillies, & l'on traîne deſſus & à diverſes repriſes le calibre, l'appuyant ferme ſur les règles, & remettant de nouveau plâtre à meſure, juſqu'à ce que la corniche ſoit entièrement pleine, réſervant pour faire à la main & au ciſeau, les parties angulaires & courbes qui ne peuvent ſe traîner au calibre.

Les refends XII, repréſentés par les fig. 20 & 21, ſe font avec des règles B B de la forme du creu A des refends, dont on remplit l'intérieur de plâtre au ſas juſqu'à fleur. Il faut obſerver de donner à ces règles, de la dépouille, c'eſt-à-dire, de les faire plus étroites par-deſſous, afin qu'elles puiſſent aiſément ſe détacher & en quelque ſorte ſe dépouiller du plâtre; & les refends faits à plomb les uns des autres, on en remplit les intervalles d'enduits.

Les archivoltes, corniches & chambranles, ceintrés pour le couronnement des niches XIII ou autres ornemens, ſe font autour d'un centre A avec un rayon B de bois fixé au centre, ſur lequel on applique un calibre C que l'on traîne à diverſes repriſes & en tournant le long des regles courbes D E, appliquant le plâtre liquide comme aux corniches droites, juſqu'à ce qu'elles ſoient parfaites.

Des Ouvriers & de leur eſpéce.

Le premier & le Chef des Ouvriers eſt l'Architecte: ſon emploi eſt de faire les plans & les élévations des bâtimens, d'en diriger tous les détails, de dreſſer les devis & marchés, & de régler les prix, lorſque les ouvrages ſont terminés. Dans les grands édifices, il eſt ordinairement aidé de Contrôleurs, Inſpecteurs, Sous-Inſpecteurs, & autres Architectes inférieurs.

Après l'Architecte, le premier Ouvrier eſt le Maître Maçon. Son emploi eſt de conduire la maçonnerie du bâtiment, ſuivant les plans & élévations qui lui ſont donnés par l'Architecte ou ſes prépoſés, de fournir tous les matériaux, de les employer, & d'en diriger l'économie, ce qu'on appelle *entrepriſe*.

Le deuxième Ouvrier eſt le Maître Compagnon, homme de confiance & inſtruit dans l'Art, qui agit pour les intérêts du Maître Maçon & en ſon abſence. Son emploi eſt de donner tous ſes ſoins à la main d'œuvre, à faire l'appel des ouvriers le matin & le ſoir, & le rôle pendant la journée; à donner récépiſſés des matériaux à meſure qu'ils arrivent, à emmagaſiner & prendre ſoin des équipages & uſtenſiles; en un mot, à l'économie générale du bâtiment.

Le troiſième Ouvrier eſt l'Appareilleur. Son emploi

---

(1) Un tuyau dévoyé eſt celui dont on a interrompu la direction perpendiculaire.

(2) Le plâtre pigeonné eſt celui qui eſt maçonné à la main.

(3) Les ſantons ſont des tringlettes d'environ un pied de longueur, en fer brut, portant un crochet par chaque bout.

est de construire les épures (1) d'après les détails du Maitre Maçon, d'appareiller les pierres, & d'en fixer les dimensions. Le prix de sa journée est d'environ trois livres à Paris. Il est quelquefois aidé par des Compagnons ou Garçons du tas, Appareilleurs inférieurs. Le prix de leur journée est moindre.

Le quatrième Ouvrier est le Tailleur de pierre. Son emploi est de tailler la pierre & de lui donner les formes qu'elle doit avoir, suivant les dimensions que lui a données l'Appareilleur. Le prix de sa journée est depuis trente-cinq jusqu'à quarante-cinq sous.

Le cinquième Ouvrier est le Poseur. Son emploi est de mettre en place les pierres, de les poser de niveau & à plomb, & d'en scier les joints lorsqu'il est nécessaire. Le prix de la journée est d'environ quarante-cinq sous.

Le sixième Ouvrier est le Scieur de pierre dure. Son emploi est de scier les pierres dures à la scie sans dents, à raison de quatre à cinq sous le pied carré, pour les pierres ordinaires, & jusqu'à dix sous pour les pierres de liais.

Le septième Ouvrier est le Scieur de pierre tendre. Son emploi est de scier, avec son aide, les pierres tendres à la scie à dents. Le prix de la journée est d'environ trente-cinq à quarante sous.

Le huitième Ouvrier est le Compagnon Maçon. Son emploi est de construire les ouvrages en plâtre. Le prix de sa journée est d'environ quarante sous.

Le neuvième Ouvrier est le Limousin. Son emploi est de construire les ouvrages en mortier. Le prix de sa journée est d'environ trente-six sous.

Le dixième & dernier Ouvrier est le Manœuvre. Son emploi est de faire les ouvrages bas & rudes, & de servir les autres. Le prix de sa journée est de vingt-cinq à trente sous. Ceux qui servent les Maçons, un seul pour chacun, battent le plâtre, le passent, le gâchent, & le portent aux Maçons pour l'employer. Ceux qui servent les Poseurs, au nombre de deux ou trois pour chacun, les aident à porter, lever & rouler les pierres dans leur place. Ceux qui sont employés aux chariots, sont six pour le traîner, & un ou deux suivant par-derriere, qu'on appelle Bardeurs, chargés chacun d'une pince pour aider à la roue. Ceux qui sont employés à barder les pierres, c'est-à-dire, à les mettre en chantier & à les remuer, appelés Bardeurs, sont par bandes de trois ou quatre chacune, s'entr'aidant mutuellement; un d'eux conduisant la bande. Ceux qui sont employés aux engins, sont plus ou moins, suivant les besoins.

Un douzième Ouvrier, employé par le Maître Maçon, & qui n'est appelé que lorsque le bâtiment est fini, est le Toiseur. Son emploi, & souvent son seul talent, est de savoir toiser toutes les parties du bâtiment suivant les usages & la loi, d'en dresser les mémoires, & d'y mettre des prix relatifs aux marchés & à l'espèce d'ouvrage. Le prix de son travail est ordinairement de dix pour mille du montant des mémoires, & moins dans les grands édifices.

Des Engins & autres Equipages.

La figure 1 (*Pl. XVII.*) représente une sonnette, mouton ou belier propre à battre des pieux & à enfoncer des pilots; la figure 2, un gruau; la figure 4, un chapeau de gruau; la figure 5, une grue; la figure 6, une chèvre à roue; & la figure 7, une chèvre à levier; tous instrumens propres à élever les pierres, moëllons, & autres fardeaux. A semelle, B queue, C poinçon, D contrefiche, E lien, F jumelle, G traverse, H soupente, I rancher, K grande moëse, L petite moëse, M treuil, N roue, O levier, P support, Q poulie, R cordage, S esse, T chableau, U allemand-simple, V allemand-double, deux espèces de nœuds qui serrent d'autant que le poids est grand; X pieu ou pilot, Y sonnette, mouton ou belier, Z chapeau.

La figure 3 représente un ixe, espèce de louve, dont on se sert pour élever les pierres. Les mantonnets A A s'incrustant dans une mortoise faite exprès à la surface des pierres tendres qu'on veut élever plus large au fond qu'à l'entrée, s'y accrochent, & la boucle du cordage de l'engin passée dans les anneaux B B en se serrant, appuie sur la charnière C, fait ouvrir & presser les mantonnets dans l'intérieur de la mortoise : plus le poids est grand, & plus l'instrument est forcé de s'ouvrir & presser. Cette nouvelle manière d'élever les pierres tendres est fort commode. On les enlève & on les conduit à la place qu'elles doivent occuper sans le moindre danger. Autrefois on se servoit des brayers ou cordages doubles arrangés exprès, qui servent encore pour les pierres dures, & qui, malgré les soins que l'on prenoit, gâtoient leurs arêtes. Arrivées au sommet du bâtiment, il falloit les débrayer, les poser sur calles & les mettre en place, ce qui étoit long & difficile, pour ne pas les écorner ou gâter.

La figure 8 représente un levier de bois à l'usage des treuils.

La fig. 9 représente une louve employée au même usage que l'ixe (*fig.* 3.); sinon qu'on la fixe dans les mortoises des pierres tendres avec les coins A A, & on l'enlève par son anneau B avec l'esse des engins.

La figure 10 représente un bouriquet, & la figure 11 un brancard, propres à tirer les moëllons des carrières, ou à les élever sur les bâtimens. A châssis, B barres, C barreaux, D brayer, E esse.

La figure 12 représente un vindas ou cabestan propre à transporter les pierres. A plateau, B support, C lien, D pieu, E treuil, F levier, G cordage, H partie chargée, I partie déchargée.

La figure 13 représente une civière, & la figure 14 un bar, tous deux propres à transporter

---

(1) Les épures sont les dessins détaillés des voûtes.

des petites pierres ou moëllons à bras. A A les barres, B B les barreaux.

La figure 15 représente une manivelle propre à barder (1) les pierres avec des leviers. A A le châssis, B le boulon, C C les lumières.

La figure 16 représente une brouette à transporter le moëllon. A la roue, B B les bras, C les barreaux.

La figure 17 représente une brouette à coffre, propre à transporter les terres & mortiers. A la roue, B B les bras, C le coffre.

La figure 18 représente le chariot à transporter les pierres. A la plate-forme, B B les roues, C la flèche, D D les barres.

La figure 19 est un banneau ou petit tombereau à bras pour le transport des terres, sables, &c. A le coffre, B B les roues, C la flèche, D la barre.

La figure 20 représente un échafaudage à la face d'un mur. A A perches, B B boulins, C C planches ou madriers faisant l'échafaud, D le mur, E E les cordeaux ou lignes tendues pour diriger les Ouvriers dans l'élévation des murs.

Les échafauds sont de deux sortes; les uns d'assemblage, destinés aux grands édifices, sont du ressort de la charpenterie; les autres, simples, sont construits par les Maçons. On élève perpendiculairement des perches A, dont on enfonce le pied tant soit peu en terre, ou que l'on retient avec une masse de plâtras & plâtre scellée à ces perches : on y en joint d'autres B horizontalement, plus courtes, mais fortes, appelées boulins, avec des cordages entrelacés. L'inégalité de ces perches & la manière de fixer ces cordages les retient par un bout, tandis que l'autre, enfoncé de 7 à 8 pouces dans le mur, y est scellé sur ces boulins, l'on pose des madriers en travers en forme de planches, pour la facilité du service. Ces échafauds se multiplient de neuf en neuf pieds ou environ, à mesure que les murs s'élèvent; & leur solidité dépend seulement de la quantité de cordages qu'on y emploie & qu'on n'épargne point, & de leur disposition; aussi court-on quelquefois des risques, lorsqu'ils sont mal disposés.

La figure 1 (*Pl. XVIII*) représente un des rouleaux propres à transporter les gros blocs de pierre. On les présente dessous, & on les fait tourner avec des leviers, en les forçant par les lumières A A.

La figure 2 représente un autre rouleau destiné au même usage, mais pour de plus petits blocs de pierre, que l'on fait mouvoir en les poussant dessus.

La figure 3 représente un coin propre à fendre ou déliter les pierres. A le taillant acéré, B la tête.

La figure 4 représente un tire-terre de Carrier pour dégager & tirer la terre entre les bancs de pierre dans les carrières. A le taillant acéré, B la douille, C le manche.

La figure 5 représente une esse, espèce de mar-

teau à deux pointes, destinée au même usage que l'instrument précédent. A A les pointes acérées, B l'œil, C le manche.

La figure 6 représente un levier ou pince propre aux Carriers & aux Maçons, pour lever les blocs de pierre & autres fardeaux. A la pince, B le manche.

La figure 7 représente une masse propre à casser & fendre la pierre. A A les têtes, B l'œil, C le manche.

La figure 8 représente un niveau de Maçon & poseur propre à poser les pierres de niveau. A A les pieds, B la traverse, C la tête, D la ligne, E le plomb.

La figure 9 représente un compas à l'usage des Tailleurs de pierre. A A les pointes, B la tête.

La figure 10 représente une équerre de fer. A A les branches.

Les figures 11, 12 & 13 représentent des beuveaux ou sauterelles propres à prendre des ouvertures d'angles : le premier, droit; le deuxième, concave; & le troisième, convexe. A la branche simple, B la branche double, C le pivot.

Les cinq dernières figures, à l'usage des Tailleurs de pierre.

La figure 14 représente une règle de Tailleur de pierre.

La figure 15 représente une règle d'Appareilleur, distribuée en pieds, pouces & lignes.

La figure 16 représente un ciseau de Tailleur de pierre. A le taillant acéré, B la tête.

La figure 17 représente un maillet de Tailleur de pierre. A A les têtes, B l'œil, C le manche.

La figure 18 représente un grand compas appelé *fausse-équerre d'Appareilleur & de Tailleur de pierre.* A A les pointes, B B les branches, C la tête.

La figure 19 représente un niveau de Limousin. A la planchette, B la ligne, C le plomb.

La figure 20 représente un têtu propre à fendre & à éclater les pierres. A A les têtes, B l'œil, C le manche.

La figure 21 représente un cric propre à lever les pierres & les mettre en chantier. A la crémaillere, B le croissant, C la boîte, D l'arbre du pignon, E la manivelle, F l'arêt, G G les crocs.

La figure 22 représente un plomb. A la pelote de cordeau, B le plomb, C le chat.

Les figures 23, 24, 25, 26 & 27 représentent des marteaux à tailler la pierre avec pointes & taillans acérés : les trois premiers pour la pierre dure, & les autres pour la pierre tendre. A A les pointes à ébaucher la pierre dure, B le taillant bretelé, C le taillant uni, D le taillant à ébaucher la pierre tendre, E l'œil, F le manche.

Les figures 29 & 30 représentent des marteaux : la figure 31, une hachette; & la figure 32, un décintoir à l'usage des Maçons; les pointes, têtes & taillans acérés. A la pointe, B la tête, C le taillant, D l'œil, E le manche.

___

(1) Barder les pierres, c'est les mettre en chantier & les disposer à être travaillées.

K

La figure 33 repréſente un oiſeau, inſtrument propre à tranſporter le mortier ſur les échafauds. A la planchette, B le bord, CC les ailes.

La figure 34 repréſente une auge de Maçon propre à gâcher le plâtre.

La figure 35 repréſente une truelle de Maçon propre à unir le plâtre ſur les murs. A la palette en cuivre, B la tige, C le manche.

La figure 36 repréſente un riflard de Maçon. AB la platine, A le côté bretelé, B le côté uni, C la tige, D le manche.

La figure 37 repréſente un riflard uni, à l'uſage des Tailleurs de pierre & Maçons. A le taillant uni, B le manche.

La figure 38 repréſente un riflard bretelé, à l'uſage des Tailleurs de pierre & Maçons. A le taillant bretelé, B le manche.

La figure 39 repréſente un panier clair à paſſer le plâtre.

La figure 40 repréſente un ſas ou tamis à paſſer le plâtre.

La figure 41 repréſente une hotte à l'uſage des Manœuvres.

La figure 42 repréſente une pelle à l'uſage des Manœuvres.

La figure 43 repréſente une règle de Maçon propre à faire des enduits, feuillures & vives arètes.

La figure 44 repréſente un fichoir propre à inſinuer le mortier dans les joints des pierres. A la lame bretelée, B le manche.

La figure 45 repréſente une ſcie à dents pour la pierre tendre. A la lame, BB les manches.

La figure 46 repréſente une ſcie ſans dents pour la pierre dure. A la lame, BCD le châſſis, BB les montans, C la traverſe, D la tringle de bandage.

La figure 47 repréſente une cuiller de Scieur de pierre. A la cuiller, B le manche.

F I N.

DESCRIPTION
DES ARTS ET MÉTIERS,

Par MM. de l'Académie Royale des Sciences, avec Figures en taille-douce, *in-folio*, grand papier, broché.

Le prix des Cahiers féparés eft diminué de deux cinquiemes, & celui de la Collection entiere eft réduit à moitié, & n'eft que de 640 liv. pour les 86 Cahiers.

Chez MOUTARD, *Imprimeur-Libraire de la Reine & de l'Académie Royale des Sciences, rue des Mathurins, Hôtel de Cluni.*

N°.		Prix anciens.	Prix nouveaux.
		224	140
1	CHARBONNIER, par M. Duhamel du Monceau..........	2ˡ.12ᶠ	1ˡ.12ᶠ
2	ANCRES (Fabrique des), par MM. de Reaumur & Duhamel.....	5 8	3 4
3	CHANDELIER, par M. Duhamel du Monceau..........	3 12	2 2
4	EPINGLIER, par MM. de Reaumur & Duhamel	7	4 12
5	PAPETIER, par M. de la Lande..	14 2	10 10
6	FER (Forges & Fourneaux à), par MM. de Courtivron & Bouchu, Iʳᵉ & IIᵉ Sections..	8	4 16
7	ARDOISIER, par M. Fougeroux de Bondaroy..	5 8	3 8
8	CIRIER, par M. Duhamel du Monceau...	9 6	5 14
9	PARCHEMINIER, par M. de la Lande	3 16	2 6
10	CUIRS dorés, par M. Fougeroux de Bondaroy..	3 6	2
11	FER (Forges & Fourneaux à), par MM. de Courtivron & Bouchu, IIIᵉ Section..	13 16	8 6
12	—IVᵉ Section, Traité du Fer, par M. Swedemborg, traduit par les mêmes..	13 18	8 8
13	CARTIER, par M. Duhamel du Monceau..	4 6	2 16
14	CARTONNIER, par M. de la Lande..	2 6	1 10
15	FER FONDU (Art d'adoucir le), par M. de Reaumur..	10	6
16	CHAMOISEUR, par M. de la Lande.	4 6	2 16
17	TONNELIER, par M. Fougeroux de Bondaroy..	6 4	3 12
18	RAFFINAGE du Sucre, par M. Duhamel du Monceau..	8 6	5
19	TANNEUR, par M. de la Lande..	8 14	5 8
20	CUIVRE rouge converti en jaune, par M. Gallon..	9 2	6
21	DRAPIER, par M. Duhamel du Monceau..	13 18	9
22	CHAPELIER, par M. l'Abbé Nollet.	7 10	4 10
23	MÉGISSIER, par M. de la Lande..	3 12	2 4
24	COUVREUR, par M. Duhamel du Monceau..	4 16	3
25	TAPIS de la Savonnerie, par le même..	3 6	2 2
26	RATINE des Étoffes de Laine, par le même..	2 18	2
27	MAROQUINIER, par M. de la Lande.	2 2	1 12
28	HONGROYEUR, par le même..	2 8	1 10
29	CHAUFOURNIER, par le même..	10 2	6 2
30	ORGUES, par D. Bedos, Iʳᵉ Partie.	30	18
		224	140

N°.		Prix anciens.	Prix nouveaux.
		224	140
31	PAUMIER & Raquetier, par M. de Garsault................	4 4	3
32	CORROYEUR, par M. de la Lande.	4 8	3
33	TUILIER & Briquetier (Supplément), par M. Jars..	1	1
34	MEUNIER, Vermicellier, Boulanger, par M. Malouin..	21 10	13 4
35	PERRUQUIER, Baigneur-Etuviste, par M. de Garsault..	4 16	3
36	SERRURIER, par M. Duhamel du Monceau..	33 12	20
37	CORDONNIER, par M. de Garsault.	5 4	3 4
38	INSTRUMENS de Mathématiques (division des), & Microscope, par M. le Duc de Chaulne...	12	7 4
39	CHARBON de Terre, par M. Morand, Iʳᵉ Partie, (*Mines*)..	15 10	9
40	FIL de Fer ou d'Archal, par M. Duhamel du Monceau.....	4	3
41	MENUISIER, par M. Roubo (*Menuiferie dormante*), Iʳᵉ Partie..	28 18	18
42	TAILLEUR, par M. de Garsault..	9 18	6
43	ORGUES, par D. Bedos, IIᵉ & IIIᵉ Parties..	34 4	20
44	MENUISIER, par M. Roubo, IIᵉ Partie (*Menuiferie dormante, celle des Eglises, & l'Art du Trait*)..	75 16	45
45	BRODEUR, par M. de Saint-Aubin, *Dessinateur*..	6 16	4 4
46	INDIGOTIER, par M. de Beauvais de Raseau..	10 16	6 16
47	CHARBON de bois (Supplém.), par M. Duhamel..	14	14
48	COLLES (Art de faire les), par le même..	3	1 16
49	MENUISIER, par M. Roubo, IIIᵉ Partie, Iʳᵉ Section. (*Carossier*).	33 4	19 4
50	PIPES à Tabac, par M. Duhamel..	6 10	4
51	LINGERE, par M. de Garsault...	4 18	3
52	COUTELIER, par M. Perret, Iʳᵉ Partie (*De la Coutellerie proprement dite*)..	42 16	25 16
53	PORCELAINE, par M. Le Comte de Milly..	9 16	6
54	RELIEUR, par M. Dudin..	11 12	7 4
55	COUTELIER en ouvrages communs, par M. Fougeroux..	6 4	3 15
56	COUTELIER pour les Instrumens de Chirurgie, par M. Perret, IIᵉ Partie, Iʳᵉ Section..	29 4	18
		645 10	395 1

Sous presse.

L'Art du Potier d'Etain, par M. Salmon.

L'Art du Tourneur, IIe Partie.

Teinture en Soie, par M. Macquer.

Toutes les Planches de ces Articles sont gravées.

ORDRE que l'on peut observer pour relier la Collection des ARTS ET MÉTIERS, & qui est le même que celui qu'on a suivi pour l'Exemplaire de l'Académie Royale des Sciences.

Les autres ne sont pas assez nombreux sur la même matiere, pour être reliés.

Lissette inv. Sculp.

Habitations anciennes.

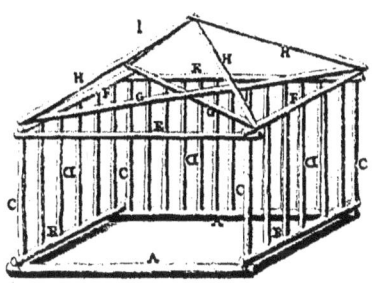

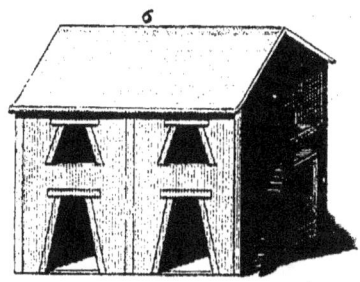

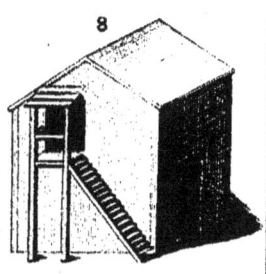

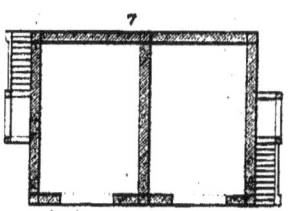

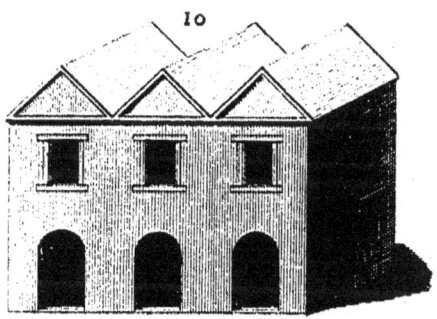

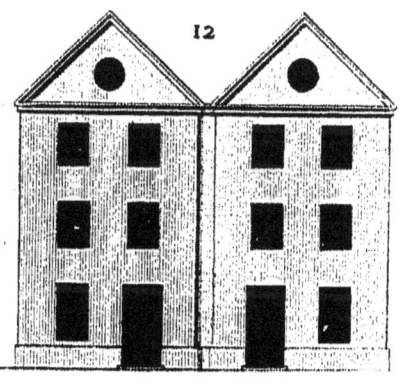

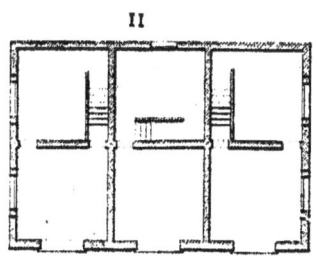

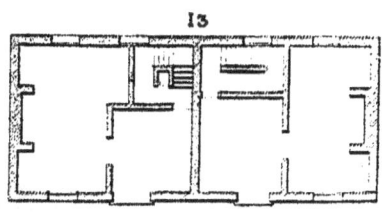

Zucotte inv. Sculp.

Habitations anciennes,

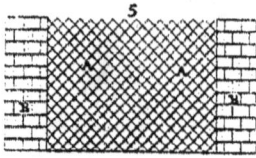

5

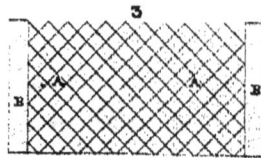

3

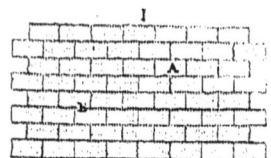

I

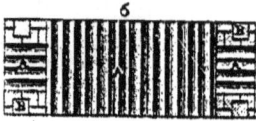

6

4

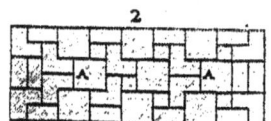

2

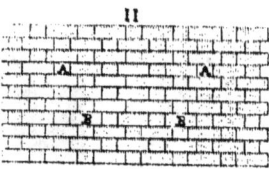

11

9

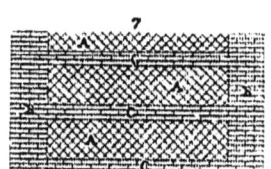

7

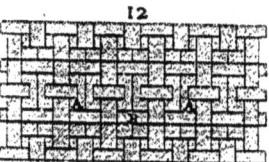

12

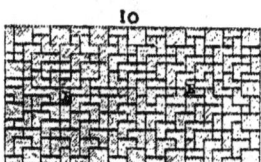

10

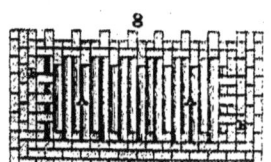

8

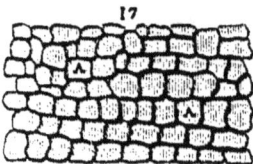

17

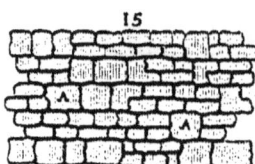

15

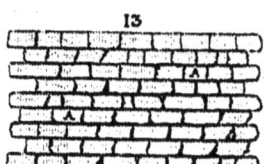

13

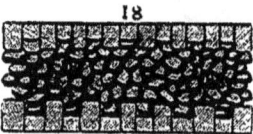

18

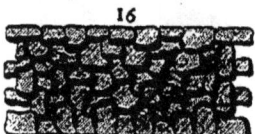

16

14

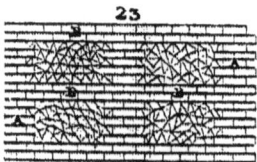

23

21

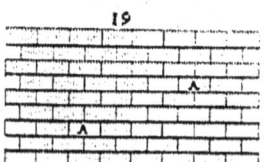

19

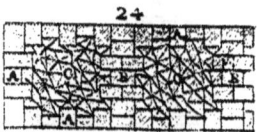

24

22

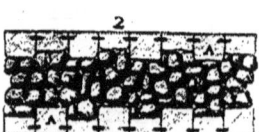

2

Maçonnerie ancienne.

3

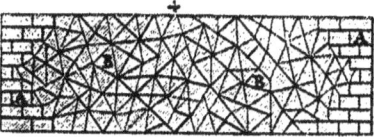

1

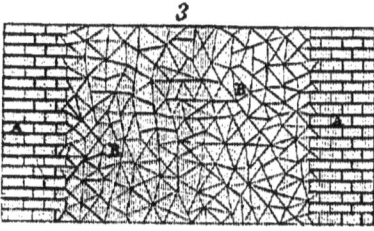

+

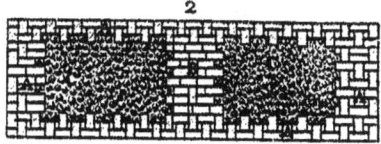

2

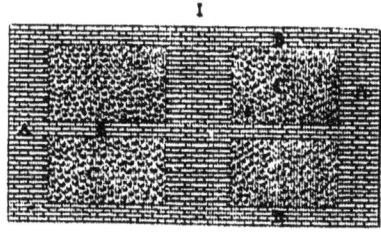

5

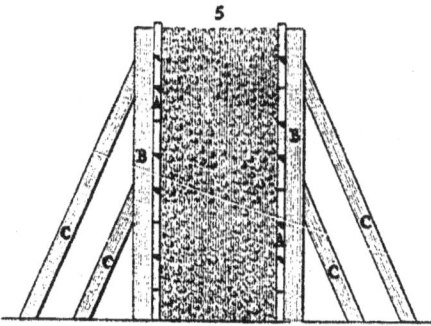

6

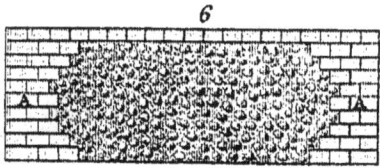

7

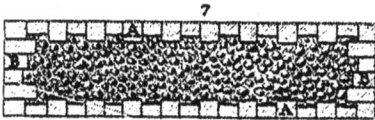

10

8

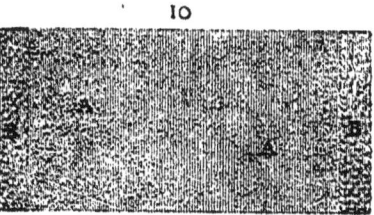

11

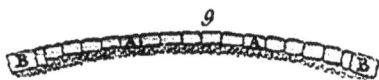

9

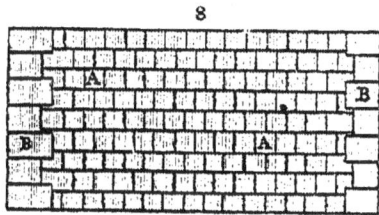

14

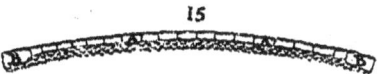

12

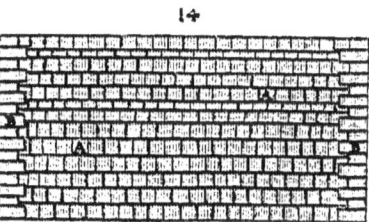

15

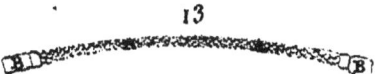

13

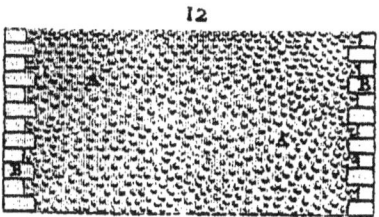

Maconnerie ancienne.

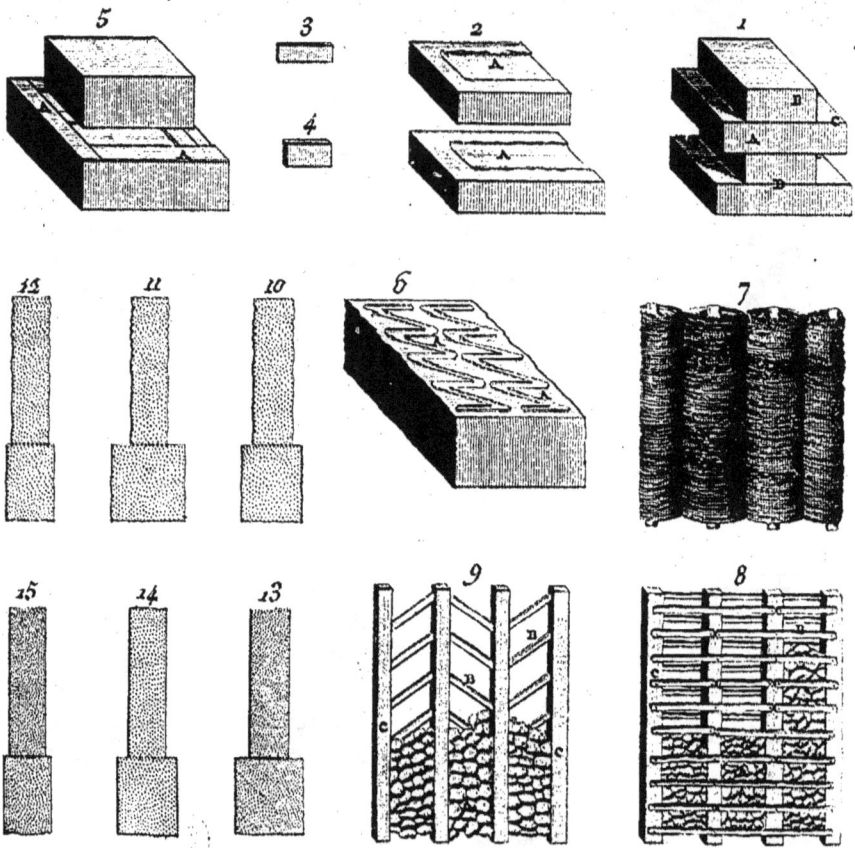

Maçonnerie moderne.

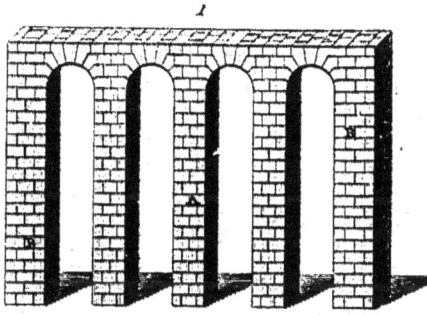

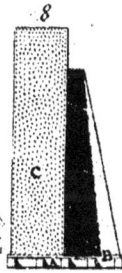

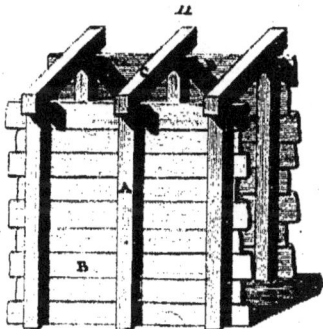

Fondations

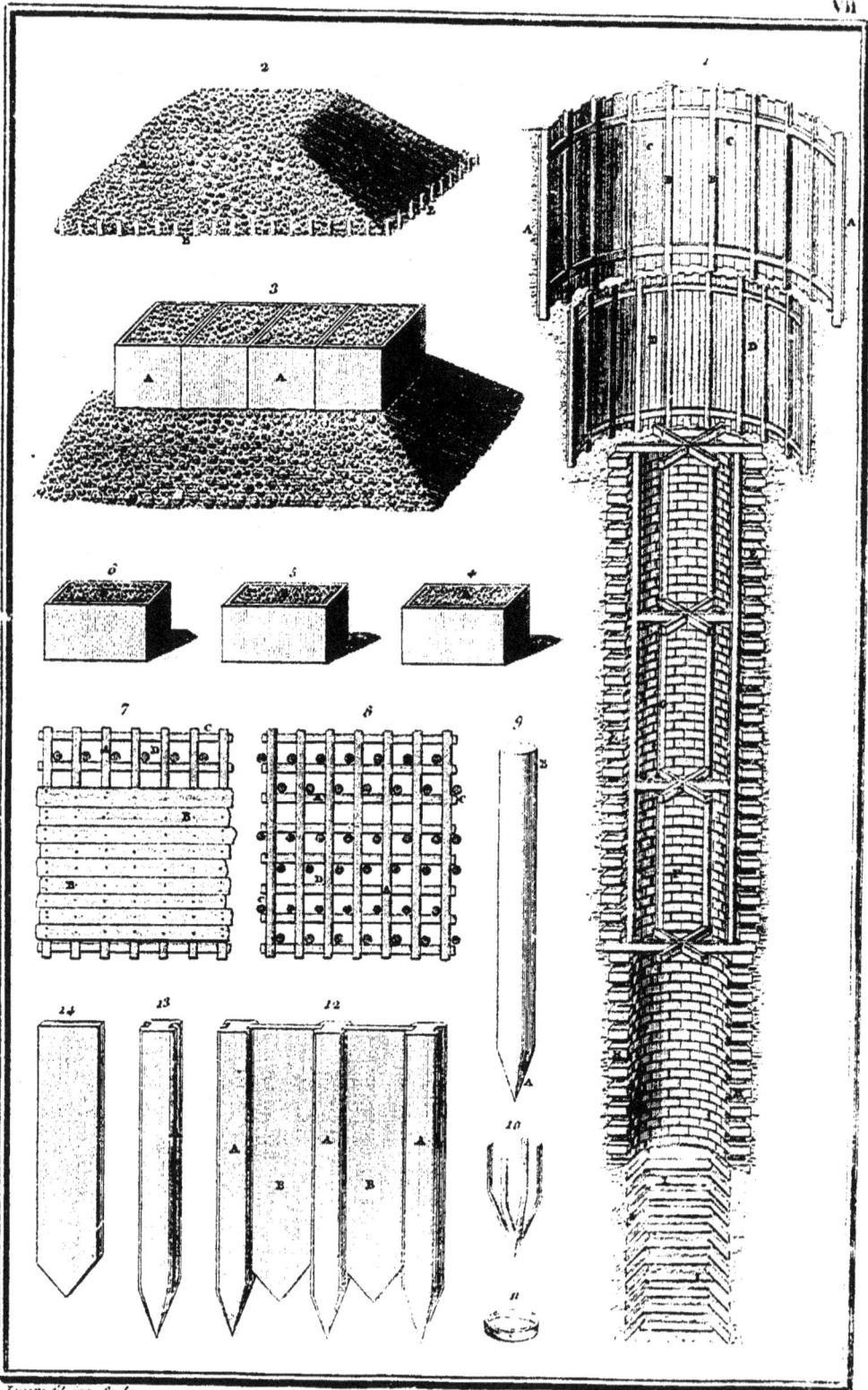

Lucotte fil. inv. Sculp.

Fondations

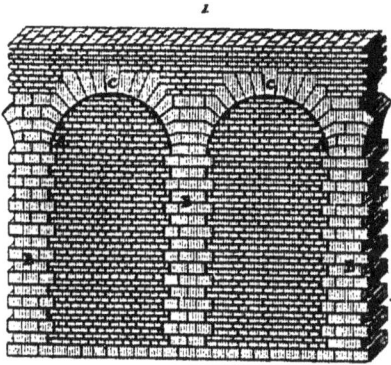

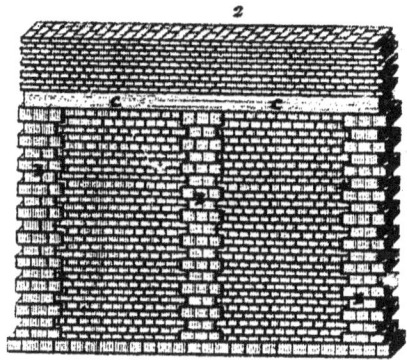

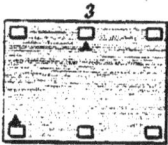

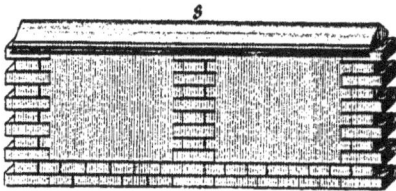

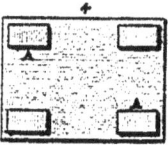

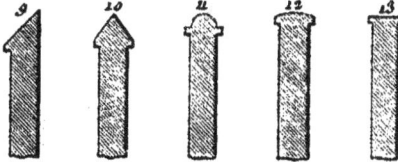

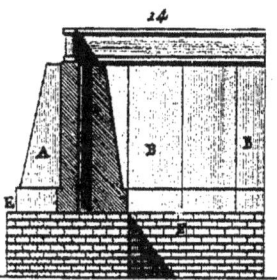

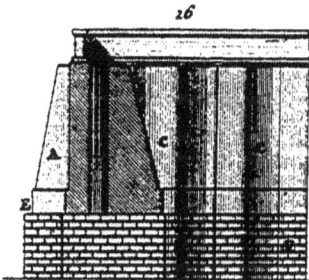

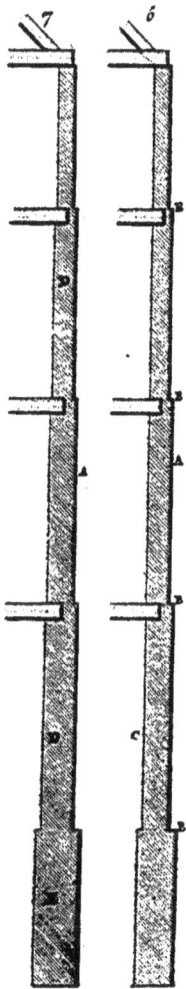

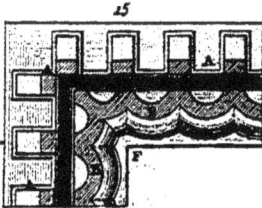

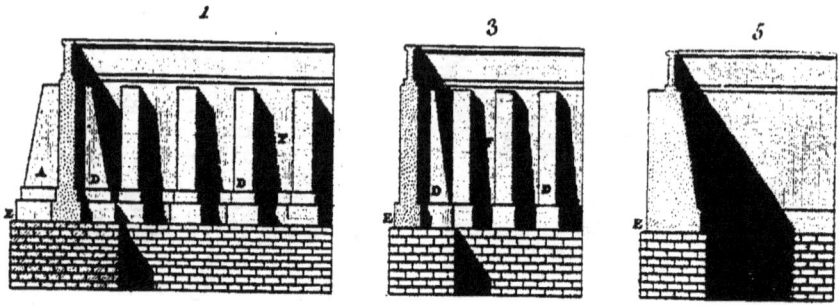

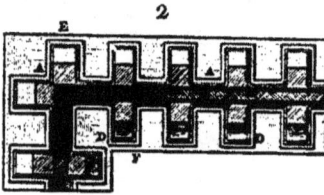
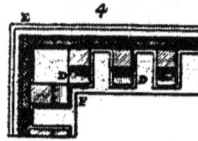
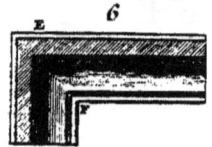

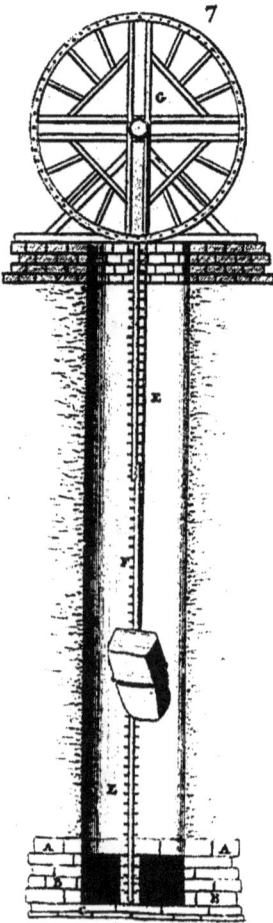

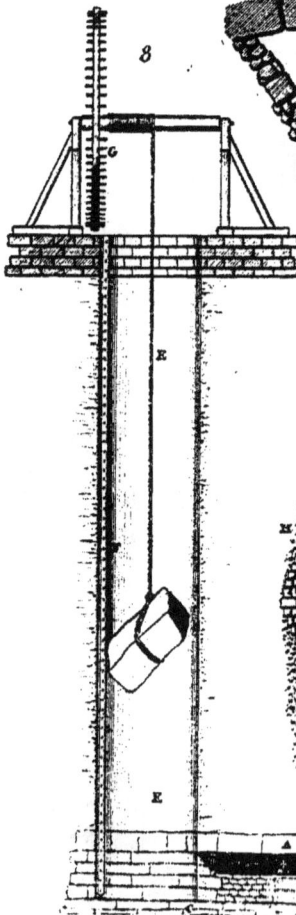

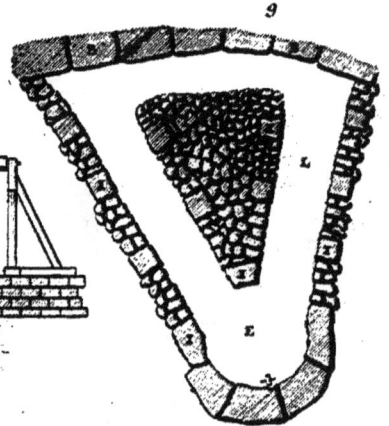

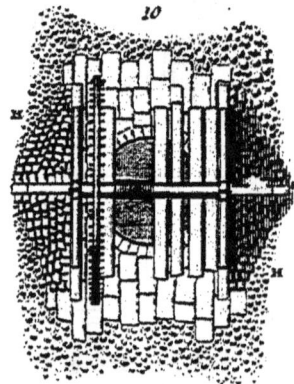

Lucotte fil. inv. Sculp.

Murs et Carrieres.

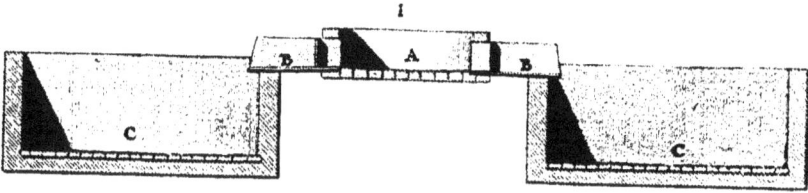

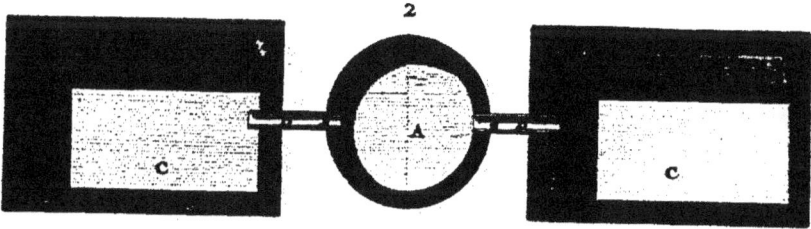

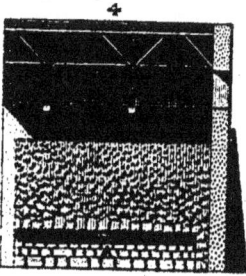

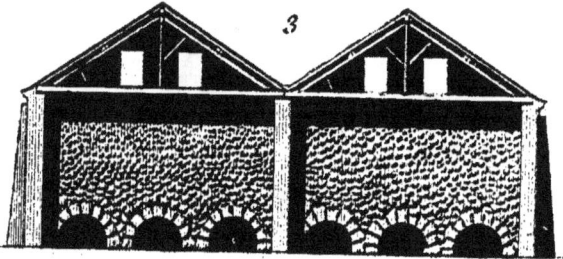

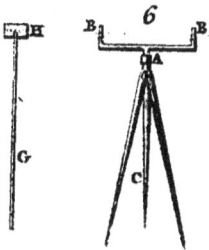

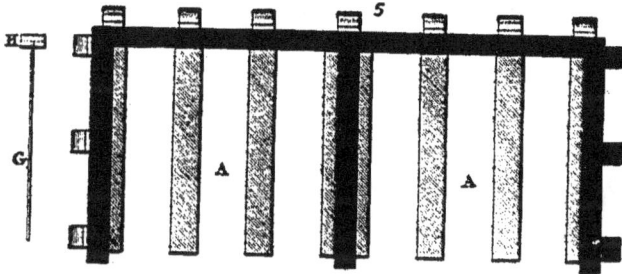

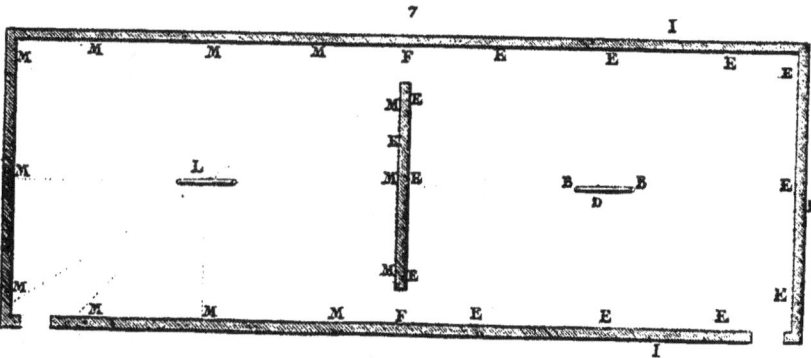

Bassins à Chaux, Fours à platre, Nivellemens.

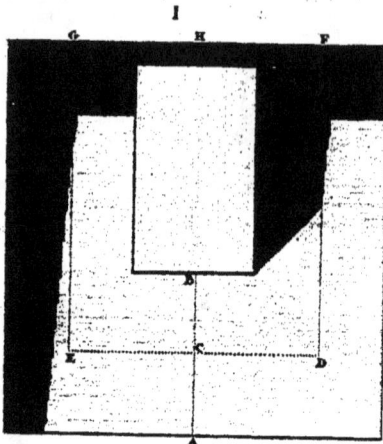

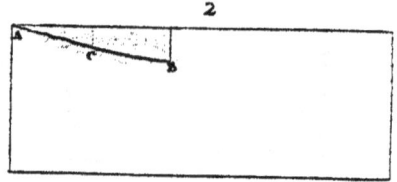

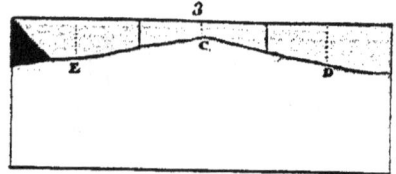

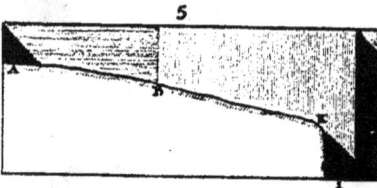

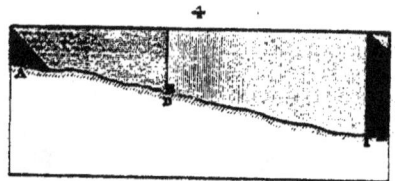

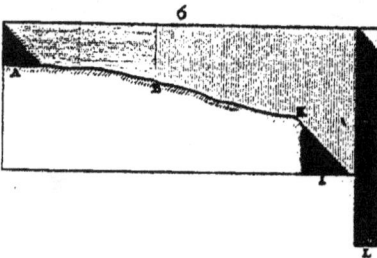

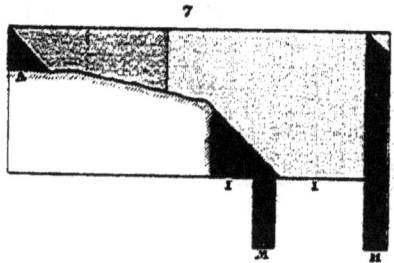

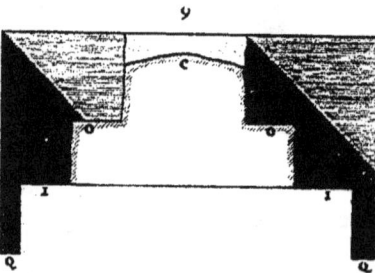

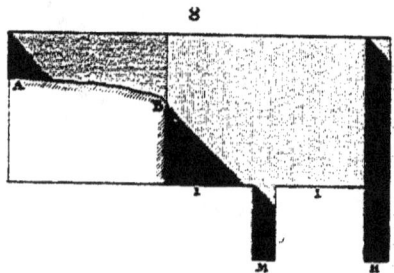

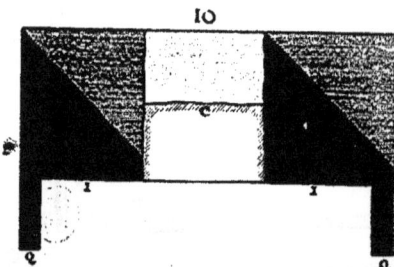

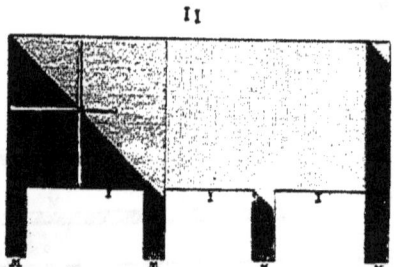

Excavations.

Laville filius inv. et sculp.

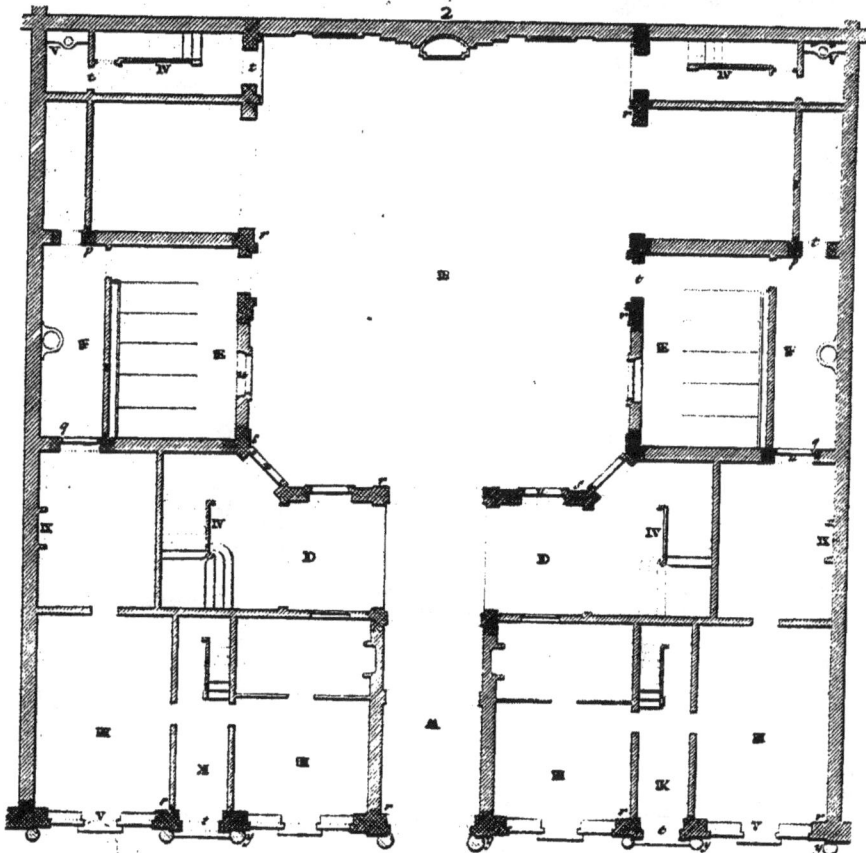

Plan et Elévation d'un Hôtel.

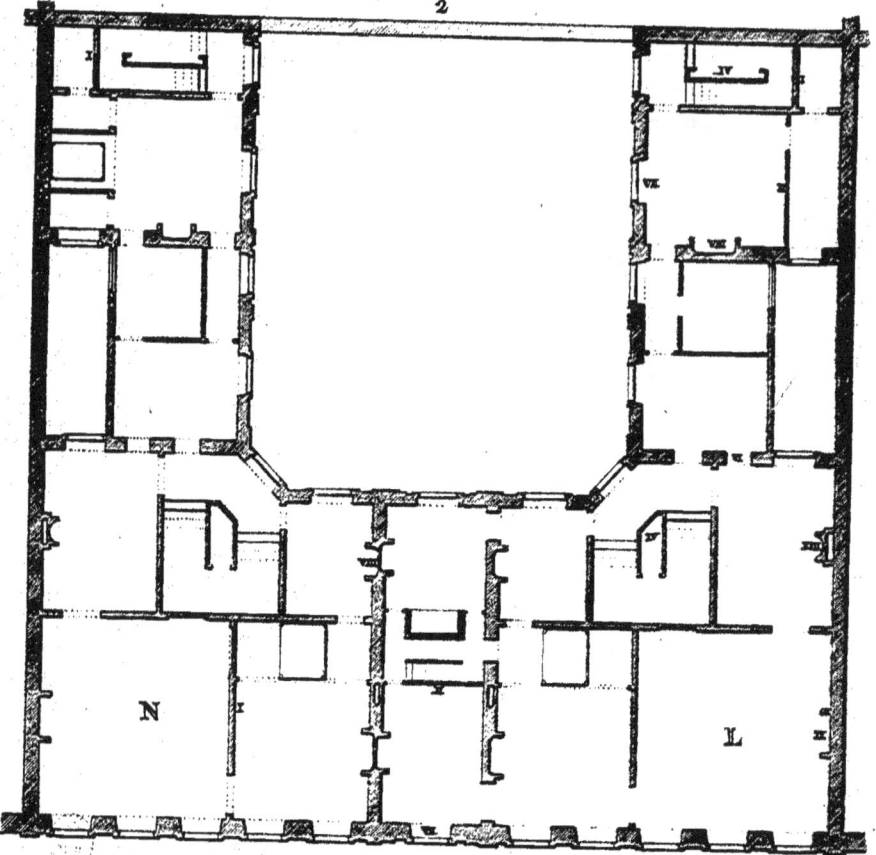

Plan au 1.er etage et coupe d'un hotel.

Lucotte inv. Sculp.

Plan et coupes des Caves d'un Hotel.

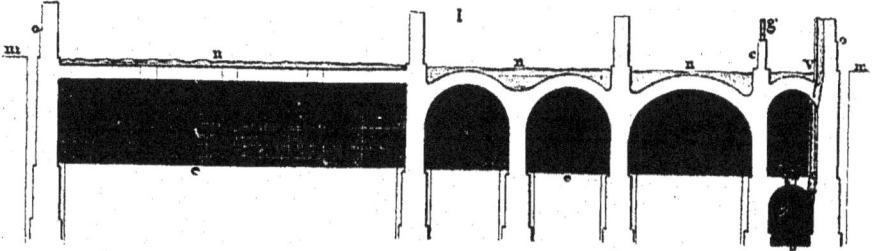

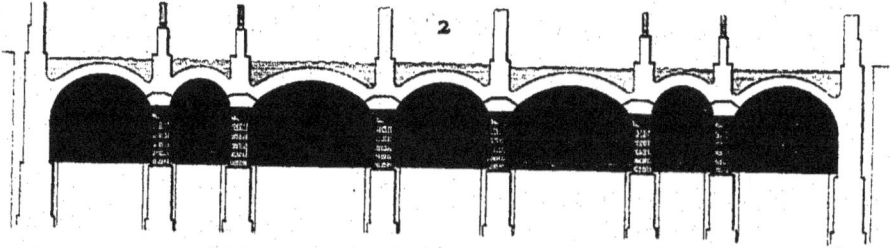

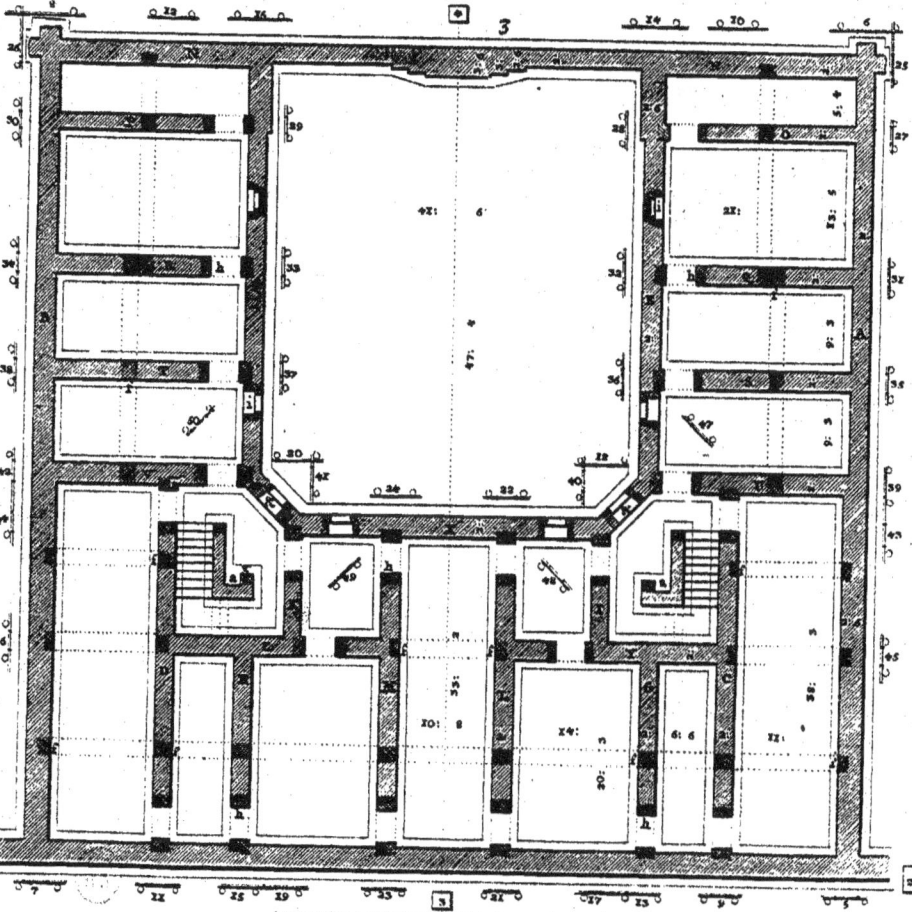

Lucotte fils inv. et sculp.

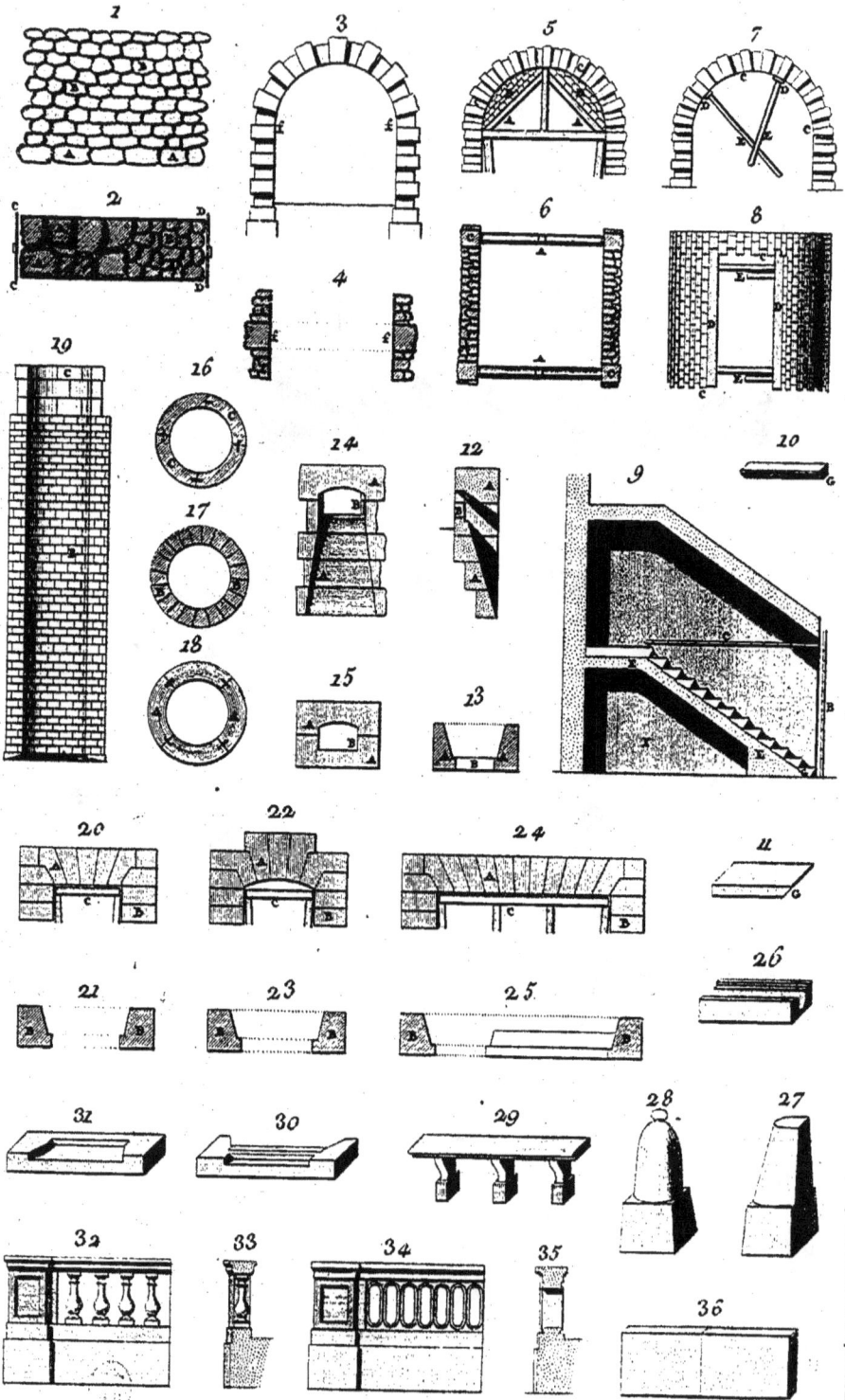

Details

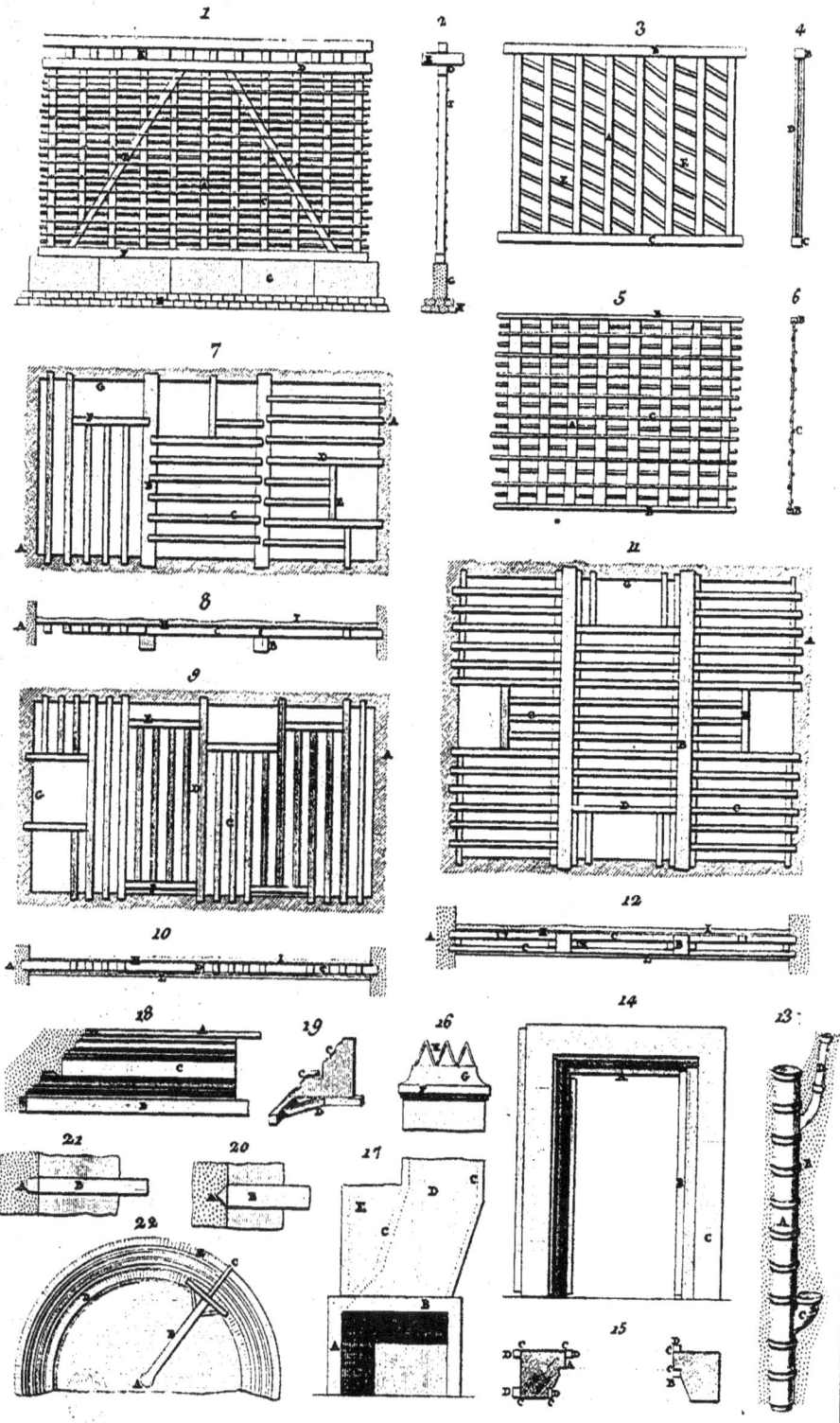

Legers ouvrages.

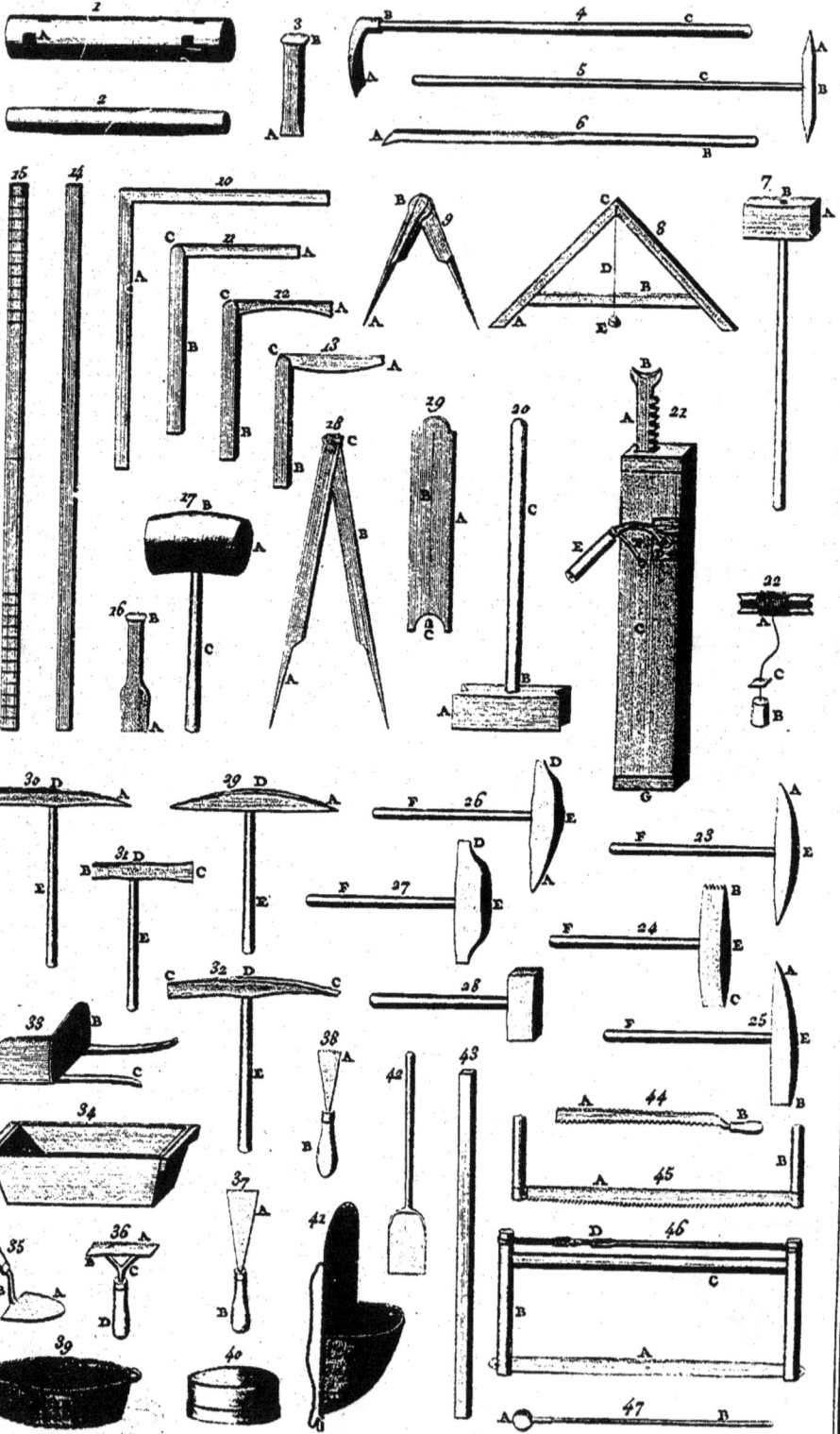

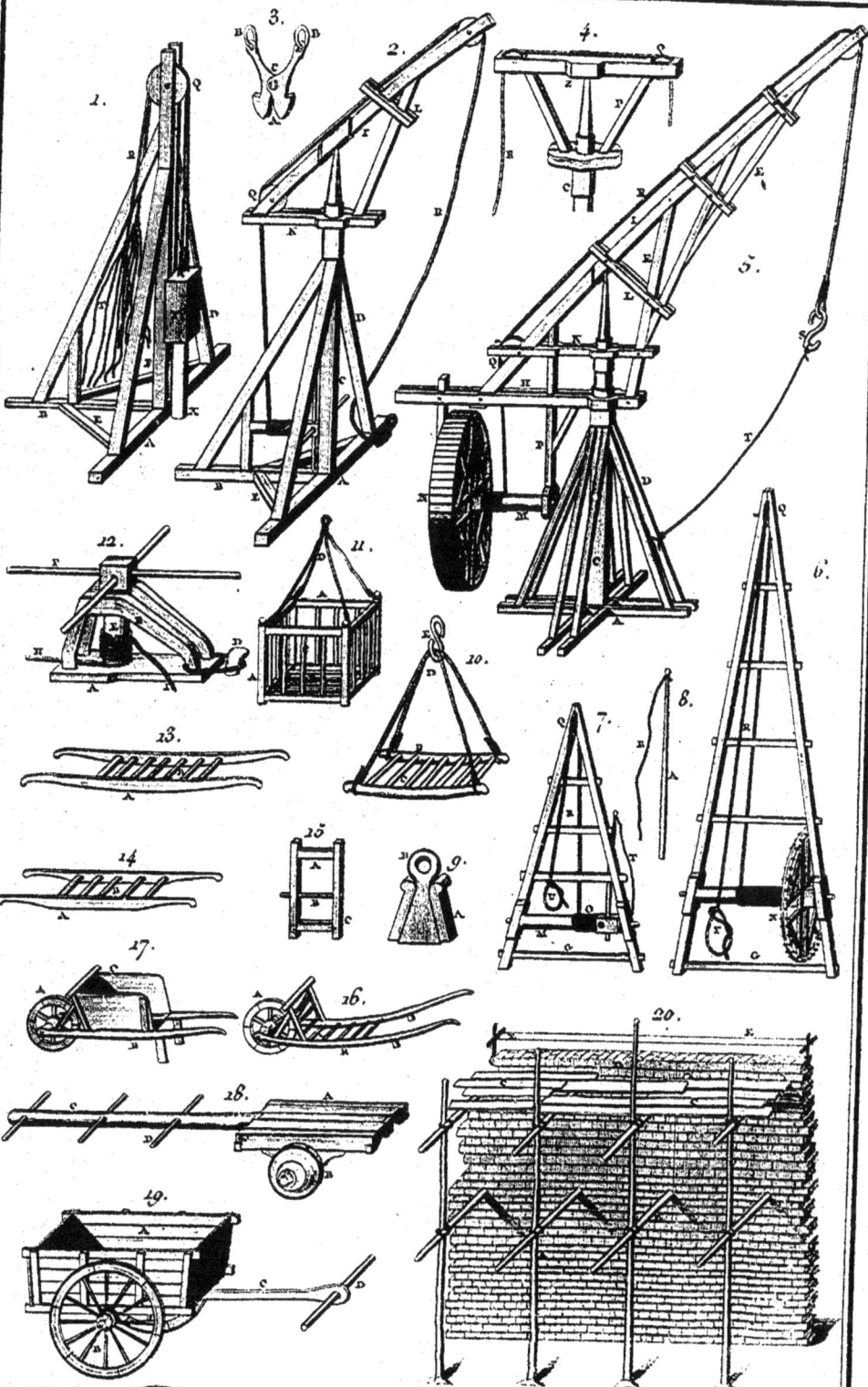

Engins

www.ingramcontent.com/pod-product-compliance
Lightning Source LLC
Chambersburg PA
CBHW050526210326
41520CB00012B/2455